編委會

主　編

彭　程

編委成員

陳　霏　楊雄森　冷輝紅　韓　宇

推薦序——致充滿熱情的烘焙工作者

能為才華橫溢的朋友和同行——彭醬[1]（ぽんちゃん）的新作送上祝福，對我來說真是榮幸無比。這本長達200多頁的新書專注於酥皮類烘焙產品，以精美的照片為伴，詳細介紹了作為歐洲飲食文化一部分的甜點和麵包的製作過程。

她在創辦糕點學校取得的成功和教學能力，也在這本書中得到了充分的體現，希望年輕糕點師和麵包師的創意能被這本充滿工匠激情的書所激發，並把西式飲食文化帶到中國。

最重要的是，這本著作將為同行的知識提升做出貢獻，使之得以傳承，我也更希望這個美妙的職業能夠永遠延續下去。請大家充分利用這本書。

作為同行，我向作者出色的工作致以崇高的敬意。謝謝你，親愛的彭醬！

現代名匠
中國洋果子聯合會技術指導委員長
Patisserie Noliette 首席糕點師
永井紀之（Noriyuki Nagai）

1　彭醬即彭女士。「ちゃん」在日語中多用於年輕女士或小孩，用來表達親近、親昵之情，此處音譯成「醬」是為了保留作序者對作者的親近之意。

自序

今年四月份的時候我到巴黎，又去探望了我的烘焙啟蒙老師阿蘭·紀堯姆（Alain Guillaumin），他是我職業生涯裡最重要的人之一。當我被眾多實力競爭者淹沒在學校的錄取候補名單裡時，他毅然選擇了我；當我站在意向工作單位門前自卑徘徊的時候，他親筆幫我寫了推薦信；在我後來的職業生涯中，每一份求教信都能收到他的認真回覆。

他說，當年我面試時那倔強和對職業前途充滿信心的眼神，讓他很想看看這個女孩對夢想有多麼堅持。然而他並不知道，其實曾經的我並不是一個擁有夢想的人。和同時代的大多數人一樣，我機械地學習、高考、讀研、出國……按部就班地進行著自己的人生，讀的專業是否熱門是我們選擇的唯一方向。直到遇見烘焙，夢想的種子才在我心中悄然種下。那時我還年輕，「讓中國人都吃到純正健康的烘焙產品」的夢想無畏而輕狂，值得慶倖的是，近 20 年了，我始終在堅持著。

2011 年，我建立了專業法式西點培訓教室；2014 年，我邀請了法國的麵包 MOF[1] 和麵包世界冠軍來中國開設麵包大師課；2016 年，我們正式成立彭程麵包烘焙學院，設計有自己特色的麵包理論和課程體系。這十幾年，彭程西式餐飲學校見證過幾萬名內心同樣為烘焙夢想沸騰的學生拾起行囊奔向我，我也希望我職業的理念與無畏能通過他們在中國大地上落地生根，看著他們的門店和產品遍佈全國的各個城市以及世界上的很多國家。

我們也不再僅僅是一個現代烘焙職業教育的拓荒者，這些年在國內所有同行的努力下，我們同時也看到了勝利的果實。比如我們國內的西點和麵包製作技術相比十幾年前發生了翻天覆地的變化，國內消費者購買的烘焙產品品質已經開始比肩世界上任何發達國家；比如彭程西式餐飲學校已經不再是孤獨的一家，而是國內眾多烘焙培訓機構裡更值得信任的一家。這應該是對當年那個擁有輕狂夢想的我最好的慰藉吧。

今年我有三本書出版，分別是已經出版的《法式甜點》《麵包寶典》，以及即將出版的這本《起酥寶典》[2]。實際上按原計劃今年是只有前兩本書要出版的，增加了《起酥寶典》，是由於錄製探店視頻的原因。上半年我探訪了巴黎 30 餘家、上海 50 餘家以及全國其他城市的眾多烘焙店鋪。我發現作為這兩年來最受消費者歡迎的酥皮類產品除了極個別非常優秀的品牌以外，可以說絕大部分的門店出品都還處於較低水準。於是在充分分析市場現狀和消費者需求的基礎上，我抽調出研發團隊中的部分骨幹：陳霏、楊雄森、冷輝紅以及韓宇，我們一起用了 3 個多月的時間反覆實驗，研發新的創意配方，再加上部分課堂經典產品一起，終於完成書稿。

為什麼要出書？為什麼要辦學？我仔細想了想，往小處說，人總要養家糊口，往大了說，一切不過是執拗地在追逐心中理想的道路上做的本階段應該做的事情罷了。我實在是一個執拗的人，是擁有著「理想一定可以實現」想法的大無畏的人，也是一個總願意活在自己構建的精神世界中的人。所以現階段無論自己在做哪件事，出書、講課、做自媒體……無非就是希望過了很多很多年回望來路的時候，可以了無遺憾地對自己說，我為我所愛的世界執著過，我為我心中的夢想踏踏實實去努力過，更為我可以成為我孩子們心中的榜樣而不懈奮鬥過。

感謝一路上支持我的人和我親愛的學生們，感謝我強大的技術團隊，感謝本書所有的編委會成員，感謝有你們！

---

1 MOF 是「Meilleur Ouvrier de France」的縮寫，其全稱可直譯為「法國最佳手工業者」。

2 繁體版的書名及出版順序依次為《法式甜點 完美配方＆細緻教程》《可頌起酥 完美配方＆細緻教程》《經典麵包 完美配方＆細緻教程》。

彭程簡介

中華人民共和國第一、第二屆職業技能大賽‧裁判員

第 23、24 屆全國焙烤職業技能競賽上海賽‧裁判長

長沙市第一屆職業技能大賽‧裁判長

廣西壯族自治區第二屆職業技能大賽‧裁判長

世界巧克力大師賽巴黎決賽‧裁判員

FHC 國際甜品烘焙大賽‧裁判員

國家職業焙烤技能競賽‧裁判員

第五屆西點亞洲杯中國選拔賽‧裁判員

國家級糕點、烘焙工‧一級 / 高級技師

國家職業技能等級能力評價‧品質督導員

法國 CAP 職業西點師

彭程西式餐飲學校創始人

長安開元教育集團研發總監

法國米其林餐廳‧西點師

中歐國際工商學院 EMBA 碩士

已出版作品:《法式甜點》《麵包寶典》(見 p.5 註釋 2)

目錄

基礎知識

- **關於發酵起酥麵團** ······12
  - 可頌麵包的工藝流程 ······12
  - 可頌麵團起酥過程中的關鍵細節 ······12
  - 烘焙小知識 ······13

- **關於非發酵起酥麵團** ······17
  - 非發酵起酥麵團的種類 ······17
  - 非發酵起酥麵團的原材料 ······18
  - 包油、單折（3折）、雙折（4折） ······18
  - 千層酥層次的計算 ······20
  - 層次的影響 ······20

基礎麵團

布里歐麵團 ······22
可頌麵團 ······24
正疊千層麵團 ······27
反轉千層麵團 ······30

麵包類起酥配方

- 可頌ᆢ34
  - 原味可頌ᆢ34
  - 彎月可頌ᆢ36
  - 巧克力可頌ᆢ38
  - 杏仁榛子可頌ᆢ40
  - 雙色可頌ᆢ42
  - 黑金可頌ᆢ44

- 可頌三明治ᆢ49
  - 可頌三明治麵包ᆢ49
  - 酪梨蝦仁三明治ᆢ52
  - 牛肉起司丹麥三明治ᆢ54

- 調理可頌ᆢ57
  - 馬鈴薯龍蝦丹麥ᆢ57
  - 牛肉三角酥ᆢ60
  - 培根香腸丹麥ᆢ62
  - 丹麥比薩ᆢ64
  - 羅勒香腸丹麥ᆢ67

- 花式丹麥ᆢ70
  - 桂花西洋梨丹麥ᆢ70
  - 焦糖堅果丹麥ᆢ73
  - 奶油香緹丹麥ᆢ76
  - 檸檬唱片丹麥ᆢ78
  - 開心果覆盆子丹麥ᆢ81
  - 肉桂杏仁葡萄捲ᆢ84
  - 覆盆子安曼捲ᆢ87
  - 鳳梨蘋果丹麥ᆢ90

- 鹼水酥皮 ··· 93
鹼水普雷結丹麥 ··· 93
川味辣椒鹼水結 ··· 96
調理鹼水丹麥 ·· 98
蒜香鹼水香腸起酥麵包 ·· 102

- 布里歐酥 ··· 104
布里歐千層吐司 ·· 104
楓糖布里歐吐司 ·· 107
80%重油紅豆吐司 ·· 110
巧克力香蕉可頌 ·· 114

甜點類起酥配方

- 正疊千層酥 ··· 120
傳統弗朗塔 ··· 120
水果奶油弗朗塔 ··· 123
雙色羅勒起司酥條捲 ··· 126
蒜香香腸酥皮條 ··· 129
漿果千層酥 ··· 132
火腿沙拉酥皮捲 ··· 137
甜杏花語酥皮捲 ··· 141

- 反轉千層酥 ··· 144
原味蝴蝶酥 ··· 144
羅勒蒜香蝴蝶酥 ··· 147
蘋果修頌 ·· 152
焦糖米布丁修頌 ··· 156
國王餅 ··· 162
鹹奶蓋千層酥 ·· 165

覆盆子荔枝玫瑰聖多諾黑……………………………………………………168

- **法甜風味發酵酥皮** ……………………………………………176

草莓水立方冰淇淋可頌……………………………………………………176
茉莉花手指檸檬柑橘塔……………………………………………………179
雙色起司可頌吐司…………………………………………………………184
生巧可頌捲…………………………………………………………………190
火腿蘑菇白醬可頌捲………………………………………………………194
桃子可頌塔…………………………………………………………………197
牛奶花可頌塔………………………………………………………………202
香草草莓羅勒可頌塔………………………………………………………208
咖啡焦糖可芬………………………………………………………………211
羅勒草莓千層布里歐塔……………………………………………………216
素食蛋奶千層布里歐塔……………………………………………………222
巧克力皇冠…………………………………………………………………225
黑白棋盤……………………………………………………………………228
鮮果時間……………………………………………………………………232

基礎知識

關於發酵起酥麵團

可頌麵包的工藝流程

1. 用冰水攪拌麵團，攪拌至麵筋擴展，麵溫22～26℃（麵溫不宜過高，方便後續操作）。
2. 麵團滾圓，密封放置於室溫環境下鬆弛25～30分鐘。
3. 把麵團用起酥機壓至合適大小的方形，密封放入冷凍冰箱30分鐘，轉冷藏冰箱隔夜存放。
4. 片狀奶油提前在室溫環境下放置約半小時，壓至麵團的1/2大小備用。
5. 從冷藏冰箱中取出麵團，確保麵團和片狀奶油軟硬一致，然後用麵團把奶油包裹起來。
6. 用起酥機把麵團壓薄，把麵團折一次4折和一次3折，然後密封包裹，放入冷凍冰箱鬆弛15～30分鐘。再轉冷藏冰箱鬆弛1小時。
7. 取出後把麵團壓至合適的厚度，再裁割成所需要的尺寸、形狀備用。
8. 根據最終想要的形狀，整型好。
9. 擺盤發酵約90分鐘，溫度28～32℃（溫度根據油脂熔點設定，不宜過高，防止油脂融化滲漏），濕度75%～80%。（發酵不足會導致可頌崩裂或內部組織形成空心）。
10. 入爐烘烤。

可頌麵團起酥過程中的關鍵細節

1. 麵團的軟硬度和溫度。起酥時，麵團的軟硬度和肌肉的質感比較像，溫度維持在0～4℃。
2. 片狀奶油的軟硬度和溫度。油脂的軟硬度最好和麵團相近，溫度在7～11℃。
3. 油脂和麵團的軟硬度一定要掌控好，不然油脂或麵團只要有一方過硬或過軟都會導致出現斷層和混酥。偏硬會導致斷油，偏軟會導致混酥。
4. 麵團與片狀奶油的比例。通常情況下，油脂重量是麵團重量的25%～30%。油脂的多少對麵包成品的酥脆度有決定性作用，油脂比例越高，成品麵包

的口感越酥脆，奶油的味道也會越濃郁，成本也會越高。所以油脂比例的多少，取決於你想要成品最終呈現什麼樣的口感。

5．麵團在包油時，奶油和麵團的寬度要保持一致，或奶油比麵團要寬一些。如果麵團比奶油寬，在起酥時，就會導致麵團邊緣的奶油分佈不均，需要切除比較多的邊角料。

6．麵團起酥折疊時不宜壓得太薄，不然也會出現混酥的可能。

7．折疊的次數也會影響最終成品的內部組織和酥層效果，我們一般折一次4折和一次3折，或兩次4折，折疊次數越多，可頌層數越多，但酥層過多也會容易導致混酥，使麵包最終呈現的口感沒那麼酥脆。

8．麵團起酥完以後，一定要冷藏鬆弛大約1小時。不然麵筋鬆弛不到位，可頌容易炸裂。

9．最後整型的厚度不能過厚，不然最終的體積會很大，層次感不夠豐富；過薄則會導致混酥和體積太小，層次感會不明顯。一般厚度會控制在三四公厘（mm）。

10．最後發酵的時候溫度不能太高，儘量不要超過30℃，否則油脂遇到高溫會融化。

11．最後烘烤時，烘烤的時間不能太短，因為我們需要成品擁有酥脆的口感，所以烘烤的時間一定不能太短，不然成品容易塌陷或不酥脆，一般烘烤時間會在15分鐘以上。

烘焙小知識

可頌麵團的出缸溫度

一般情況下軟歐、甜麵包的出缸溫度是23～28℃，法式類麵包的出缸溫度是20～24℃，攪拌可頌麵團時，建議出缸溫度控制在22～26℃（麵溫不宜過高，否則麵團會過度發酵產氣，不利於後續操作整型）。

如何判斷可頌麵團的打麵狀態？

大部分情況下，製作可頌、丹麥麵包所用的是法國麵粉（伯爵T45），法國麵粉又分為傳統麵粉和通用麵粉。其中傳統麵粉是無添加的麵粉，通用麵粉是在麵粉中添加部分維生素的麵粉。

所以在使用傳統麵粉攪拌時，麵團出現光滑麵膜就可以出缸了（七八成麵

筋）。而在使用通用麵粉時，因為麵粉裡添加了部分維生素，整體麵筋會略微偏強，所以在攪拌麵團時，可以適度地再多攪拌一會兒，這樣麵團的麵筋會弱一些（八九成麵筋）。如果用的是中國產的高筋麵粉，因其蛋白質含量比較高，麵筋整體偏強，那麵筋就可以攪拌至九到十成，這樣麵團在起酥時才會不容易回縮。

包油時需要注意的細節

在包油過程中，注意油脂的硬度與麵團的硬度要相對保持一致，而且當時的室內操作溫度也很重要，要盡可能保持相對偏低的溫度，因為如果溫度太高，油脂易融化，那麼最後烘烤出的麵包就容易沒有層次或層次不明顯，又或者成品體積不夠飽滿。

包油起酥時的折法

大部分情況下，可頌的包油起酥多會採用一次4折和一次3折的方式。對於三次3折的方式，因為折疊的次數較多，在起酥的過程中，時間花費會比較多，從而會增加起酥過程中油脂與麵團的軟硬度控制難度。同時，酥層越多，油脂的每一層厚度也會越薄，最終烤出來的成品口感上的酥脆度會更高一些，但內部氣孔也會越小。

要運用怎樣的包油起酥方式，主要取決於個人對成品的口感有什麼樣的要求，要求不同，方式就不同。

可頌麵包的發酵溫度和濕度

可頌麵包會包裹入大量的油脂，最後發酵時如果溫度太高，就容易導致油脂融化，從而影響烘烤後成品的內部層次感和口感，所以建議可頌麵包的發酵溫度控制在26～30℃，濕度控制在75%～80%。

當然不同的發酵箱其溫度和濕度的數值也會有區別，最終還是要根據發酵箱的實際情況來調整。

如何判斷可頌麵包是否發酵完全

1．通過觀察麵團發酵後的體積大小，大部分情況下，發酵好的麵團體積是發酵前體積的2.5倍左右。

2．通過搖晃烤盤，麵團會晃動，發酵好的麵團會表現出比較有彈性的狀態。

3．用手去觸摸麵團，發酵好的麵團可以感覺到麵團內部的氣體感很足。

4．由於可頌麵包可以從表面清晰地看出酥層的層次感，側面看上去，片狀奶油與麵團之間有稍小的裂縫，這也是發酵好的情況之一。

起酥時出現斷油和混酥的原因

斷油。片狀奶油的硬度超過了麵團的硬度，那麼在起酥的過程中，麵團受到碾壓，會把油脂強硬地拉扯變長，從而產生斷裂。如果遇到油脂及麵團都比較硬的情況，那麼在起酥的過程中，每一次起酥的厚度，就要厚一些，在起酥機上多開幾次，這樣可以在一定的程度上減少因為油脂太硬而導致斷油的情況。

混酥。片狀奶油的硬度相對較軟，室內溫度偏高，起酥時造成奶油與麵團完全融合在一起，沒有形成酥層。如果遇到油脂及麵團都比較軟或室溫偏高的情況，那麼在起酥的過程中，每一次起酥的厚度，就可以偏薄一些，在起酥機上少開幾次，這樣可以在一定的程度上減少因為油脂太軟而導致混酥的情況。

烘烤時用旋風烤箱還是平爐烤箱？

不同的兩種烤箱烘烤出來的效果不太一樣。

旋風烤箱大多採用熱風迴圈的方式，所以利用旋風烤箱烘烤出的可頌麵包整體顏色會更均勻，成品的酥脆度更好，並且成品體積也更膨大一些。但表面的酥層會因為受到風吹的影響，層次會比較凌亂。

平爐烤箱是根據爐子上下的加熱管加熱來進行烘烤的，所以烘烤出的成品表面和底部的顏色會偏深，整體會更有質感。但口感的酥脆度會略微差一點兒。

所以主要根據想要的口感和質感去選擇需要使用的烤箱。

為什麼成型前回彈性那麼強？

1. 麵團攪拌不足。如果麵團攪拌不充分，麵筋沒達到充分的延展，麵團面筋就會偏強，成型時麵團回彈性容易增強。

2. 麵團包油起酥後，冷藏鬆弛的時間不足。如果鬆弛時間過短，麵團回彈性也容易增強。建議包油起酥後，冷藏鬆弛時間至少60分鐘以上。

3. 麵團整體的含水量偏低。如果麵團含水量偏低，麵團會較硬，麵筋的延展受到阻礙，柔軟度不足，麵團回彈性也會偏強。

麵團在成型時偏軟，怎麼解決？

1. 購買冰袋，麵團裁切完後直接放在冰袋上降溫，再進行最後一次成型。

2. 把烤盤或木板放入冷凍冰箱降低溫度，裁切完後放在烤盤或木板表面進行降溫，再進行最後一次成型。

3. 把裁切完的麵團直接放入冷藏冰箱降溫，達到合適的硬度時取出，進行最終的成型。

這幾種解決方式都是利用現有的工具，來保證麵團成型的完美性。

可頌麵包成品塌陷不夠飽滿的原因

1. 麵團在攪拌時攪拌過度，導致麵筋支撐力變差，成品體積不夠飽滿。
2. 最後發酵過度，因為發酵時間過長，麵筋的支撐性會減弱，導致烘烤出來後，麵包很容易出現扁平、不夠飽滿的情況。

麵包在出爐時，輕震一下烤盤，會有助於有降低麵包塌陷的可能性。

為什麼內部組織會有「死麵」？

可頌麵包的內部組織應該是均勻的蜂窩狀氣孔，如果出現「死麵」的情況，一般由以下幾點原因導致：

1. 最終發酵溫度偏高，發酵過程中片狀奶油出現融化的情況。
2. 起酥的過程中，片狀奶油和麵團溫度偏低，狀態偏硬，出現斷油的情況。
3. 最後發酵不夠充足，麵團中心溫度偏低，也會導致中心部位出現「死麵」。
4. 如果在成型過程中，使用手粉太多，麵團表面偏乾，也可能導致出現「死麵」的情況。

關於非發酵起酥麵團

非發酵起酥麵團的種類

非發酵起酥麵團主要有正疊千層麵團、反轉千層麵團和快速千層麵團三種。

正疊千層麵團（麵包油）

三種千層麵團中正疊千層麵團的操作性適中，成本適中，口感適中，成為使用率最高的千層麵團。

正疊千層麵團，即將麵團包裹片狀奶油，然後反覆進行起酥折疊使其擁有成百上千層麵皮，烘烤後顯現出明顯的層次，以達到酥脆口感。

千層酥的製作難點在於控制麵團和片狀奶油的溫度與狀態，使麵團和片狀奶油均勻分佈，烘烤後才能達到層次明顯、口感酥脆的特點。如果操作不當使麵團和片狀奶油混合在一起，那在烘烤後不會出現明顯的層次和酥脆的口感，而是出現類似餅乾硬脆扎實的口感。

反轉千層麵團（油包麵）

三種千層麵團中口感最為酥脆、穩定性最好的麵團，但也是操作性最難的千層麵團，對製作者有較高的操作要求。

反轉千層麵團，顧名思義是將正疊千層麵團反向操作，使用片狀奶油包裹著麵團進行起酥折疊，其操作難度可想而知。

由於片狀奶油過黏並且易融化不便於操作，所以會在片狀奶油中加入一定比例的麵粉混合以防止黏連和融化。反轉千層麵團由於操作工藝的區別和配方配比中油量更高的原因，使其擁有最為酥脆、入口即化的口感。

快速千層麵團（混合千層酥麵團）

它是三種千層麵團中操作最為方便的麵團，但其酥脆性一般，常用來製作簡單的酥皮產品，如：蝴蝶酥、千層酥條等。

快速千層麵團沒有包裹片狀奶油的工藝步驟，一般是將片狀奶油切丁加入製作完成的麵團中混合，奶油丁會一粒一粒地包裹在麵團中，此時的麵團可直接操作起酥折疊部分。由於經過多次擀壓，奶油丁會在麵團中形成一層層不均勻的奶油層，因此也會形成不太明顯的層次和硬脆的口感。

三種千層麵團對比

層次明顯度：正疊千層麵團＞反轉千層麵團＞快速千層麵團

口感酥脆度：反轉千層麵團（酥脆）＞正疊千層麵團（硬脆）＞快速千層麵團（硬脆偏扎實）

操作難度：反轉千層麵團＞正疊千層麵團＞快速千層麵團

非發酵起酥麵團的原材料

麵粉。一般選用中筋麵粉來製作非發酵起酥麵團，法式麵粉一般會使用T55來製作。麵粉的選擇主要取決於麵粉中的蛋白質含量，蛋白質含量較低的麵粉製作出來的千層酥膨脹率偏小並且易碎柔軟，而蛋白質含量較高的麵粉製作的千層酥膨脹率較高並且鬆脆堅固，但是蛋白質含量較高會形成更多的麵筋，使操作時的回縮更厲害。所以我們更多使用蛋白質適中的麵粉來製作千層麵團。

奶油。奶油除了增加香味以外，也可以抑制麵筋形成，使麵團更加具有延展性，在操作過程中使麵團更容易擀壓。

鹽。鹽除了有調味的作用外，更重要的作用是使麵筋的網狀結構更加緊密，也會適當地增加麵團的彈性，有助於將麵皮擀薄，烘烤後也會使千層酥層次更加明顯。

水。水的主要作用是和麵粉中的蛋白質結合形成麵筋，使麵粉中的澱粉糊化形成麵團的主體部分。

白醋。使用白醋可以防止麵團老化，並且麵粉中的麥谷蛋白溶於酸，所以也能抑制麵筋的形成，使麵團更加具有延展性。

片狀奶油。片狀奶油和普通奶油最大的區別在於片狀奶油經過了工業化處理，使奶油中的各種脂肪酸進行了轉換，使其熔點更高，延展性和柔韌性更好，更加便於起酥操作。一般我們經常使用的是含脂

包油、單折（3折）、雙折（4折）

包油，指將片狀奶油包裹在麵團中間的步驟。一般將麵團擀成片狀奶油的兩倍大小，再將片狀奶油均勻地包裹在兩倍大小的麵團中間。

量82%的片狀奶油。

單折,一般也稱為3折,將完成包油步驟的麵團拉至合適長度,然後進行三層折疊。將拉長的麵皮長度平均分為三份,將麵皮一端的三分之一向內對折貼合,再將麵皮另一端的三分之一向內對折貼合,即完成單折操作,每次折疊操作完成後需冷藏靜置1小時。

雙折,一般也稱為4折,將完成包油步驟的麵團拉至合適長度,然後進行四層折疊。將拉長的麵皮直接從中間對折貼合,隨後再一次將麵團從中間對折貼合,即完成雙折操作,每次折疊操作完成後需冷藏靜置1小時。

單折和雙折的區別在於折疊方式不同,多次折疊後會影響到產品最終的總層次,給成品帶來不一樣的口感和狀態。

千層酥層次的計算

我們以兩次單折加兩次雙折的千層麵團（也可稱為折疊3344的千層麵團）為例計算麵團層次。

基礎層次	×	折疊層數	-	重疊層次	=	最終層次
3	×	3	-	2	=	7
7	×	3	-	2	=	19
19	×	4	-	3	=	73
73	×	4	-	3	=	289

基礎層次，即麵團起酥前最初的麵團層次。

以第一行基礎層次3層為例，這3層基礎層次為包油步驟完成後的「2層麵皮+1層片狀奶油」。

以第二行基礎層次7層為例，這7層基礎層次為第一次單折步驟完成後的層次，作為下一次起酥的基礎層次。

折疊層數，即麵團進行單折還是雙折的折疊層數。單折為3層，雙折為4層。

重疊層次，由於每次進行單折或雙折後會有麵皮部分重疊，重疊的麵團部分沒有片狀奶油阻隔會使兩層麵團擀壓為一層麵團，所以需要去除擀壓融合的麵團部分。單折操作有2層麵皮重疊因此減去2層；雙折操作有3層麵皮重疊因此減去3層。

最終層次，經過折疊計算並且減去重疊層次後的總層次。

最終我們得出經過兩次單折和兩次雙折操作後的千層麵團最終總層次為289層。

在最傳統的製作工藝中，一般會將千層麵團進行6次單折的操作，最終總層次為1459層，故稱之為千層酥。

層次的影響

層次少：層次少的千層酥，層次會更加明顯更厚，但是口感會更加硬脆。

層次多：層次多的千層酥，口感會更加酥脆，也更不容易分層，但是層次過多也會導致不夠酥脆。

一般我們會根據不同產品的需求來製作不同口感和狀態的千層麵團，在書中不同的產品都使用了不同的千層麵團及層次。

布里歐麵團

❀ **材料**（總重 2180 克）

王后柔風甜麵包粉 1000 克
Echiré 恩喜村淡味奶油 300 克
牛奶 300 克
細砂糖 150 克
全蛋 200 克
蛋黃 150 克
鮮酵母 40 克
鹽 20 克
奶粉 20 克

❀ **做法**

1 把牛奶、蛋黃、全蛋加入攪拌機中。

2 倒入細砂糖，讓其化開（以便更快地形成麵筋）。

3 把麵包粉全部加入攪拌機中。

4 加入奶粉。

5 加入鮮酵母，慢速攪拌麵團。

6 把麵團慢速攪拌至無乾粉狀態，加入鹽，然後繼續慢速攪拌。

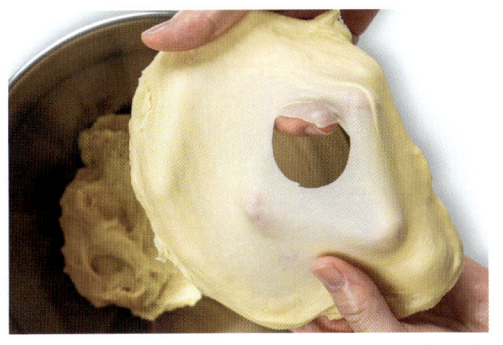

7 把麵團攪拌至七成麵筋，此時能拉出表面光滑的厚膜，孔洞邊緣處帶有鋸齒。

8 分三次加入奶油，慢速攪拌均勻至奶油完全融入麵團中。

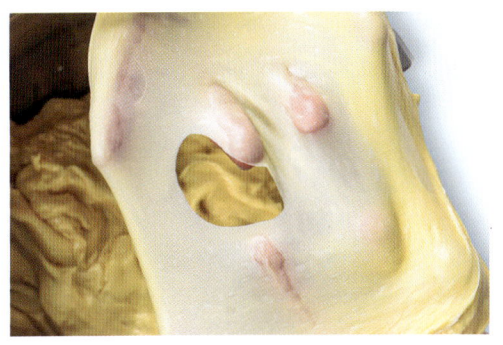

9 最終把麵團攪拌至九成麵筋，此時能拉出表面光滑的薄膜，孔洞邊緣處稍微帶有鋸齒。

10 攪拌好後把麵團取出，表面整成光滑的圓形。麵團溫度控制在22～26℃，然後把麵團放置於22～26℃的環境中，基礎發酵30分鐘。

11 麵團鬆弛好後，擀壓成長50公分、寬30公分。密封放入冷凍室凍硬後，再轉冷藏冰箱裡隔夜鬆弛備用即可。

可頌麵團

⊛ **材料**（總重 2180 克）
  伯爵 T45 中筋麵粉 1000 克
  Echiré 恩喜村淡味奶油 30 克
  Echiré 恩喜村淡味片狀奶油 500 克
  細砂糖 120 克
  冰水 420 克
  全蛋 50 克
  鮮酵母 40 克
  鹽 20 克

⊛ **做法**

1 把細砂糖倒入攪拌機中，倒入冰水，讓細砂糖化開（以便更快地形成麵筋）。

2 加入全蛋。

3 把中筋麵粉全部加入攪拌機中，開始慢速攪拌。

4 把麵團慢速攪拌至無乾粉狀態，加入鹽、淡味奶油、鮮酵母，然後繼續慢速攪拌。

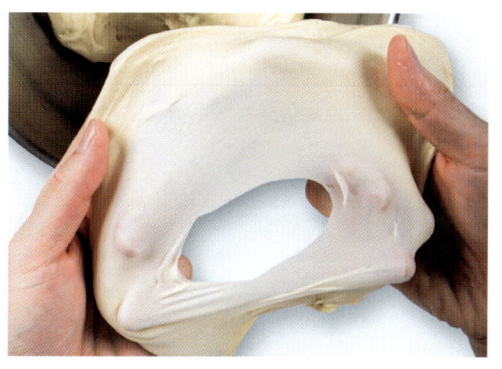 

5 把麵團攪拌至九成麵筋,此時能拉出表面光滑的厚膜,孔洞邊緣處帶有稍小的鋸齒。

6 攪拌好後把麵團取出,表面整成光滑的圓形。麵團溫度控制在22～26℃,然後把麵團放置於22～26℃的環境中,基礎發酵30分鐘。

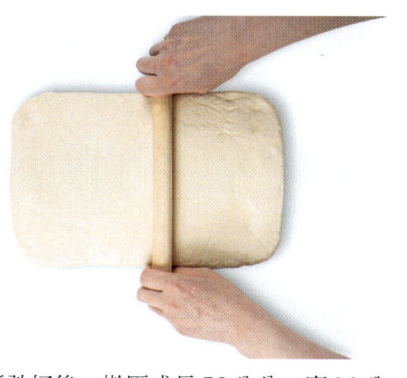 

7 麵團鬆弛好後,擀壓成長50公分、寬30公分。密封放入冷凍室凍硬後,再轉冷藏冰箱裡隔夜鬆弛。

8 麵團隔夜鬆弛好後取出,底部朝上,將500克片狀奶油擀壓成薄片,尺寸為長30公分、寬25公分。然後把片狀奶油放在麵團中心位置,側邊要和麵團保持平整。

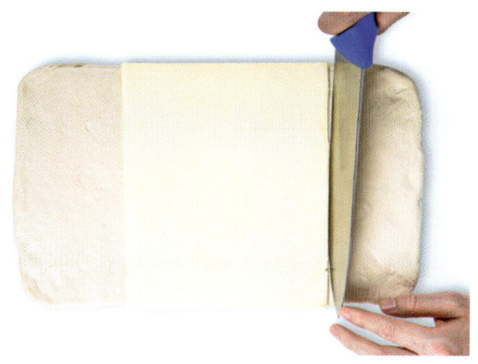 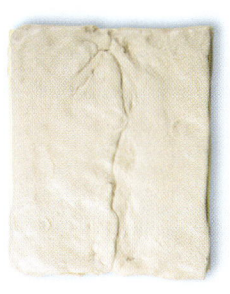

9 用牛角刀把片狀奶油左右兩側麵團切斷,防止麵團對折後邊緣過厚。

10 把兩側切斷的麵團從兩邊往中間對折,接口處捏合到一起。

11 用擀麵棍在表面輕輕按壓，讓麵團和片狀奶油黏合到一起。

12 用起酥機把麵團順著介面的方向，依次遞進地壓薄，最終壓到5公厘（mm）厚，把麵團兩端切平整，平均切成4塊，開始第一次折疊，折一個4折。

13 再次用起酥機把麵團接依次遞進地壓薄，最終壓到5公厘（mm）厚，把麵團兩端切平整，平均切成3塊，開始第二次折疊，折一個3折。

14 用保鮮膜密封包裹，放冷藏冰箱裡鬆弛90分鐘即可。

正疊千層麵團

❀ **材料**（總重 1340 克）

水麵團
伯爵 T45 中筋麵粉 600 克
Echiré 恩喜村淡味奶油 150 克
白醋 25 克
鹽 15 克
水 250 克

其他
Echiré 恩喜村淡味片狀奶油 300 克

❀ **做法**
§ 製作水麵團

1 在攪拌機的缸中，放入中筋麵粉，使用攪拌勾低速攪拌的同時加入水、白醋和鹽的混合物（溫度 10℃）。

2 邊攪拌邊倒入化開的淡味奶油（溫度 50℃）。

3 攪拌成團，揉圓，切十字。

4 從中間往四周推開；用起酥機擀薄成長 50 公分、寬 25 公分。用保鮮膜貼面包裹，放入冰箱冷藏（4℃）12 小時。

◈ 包油起酥

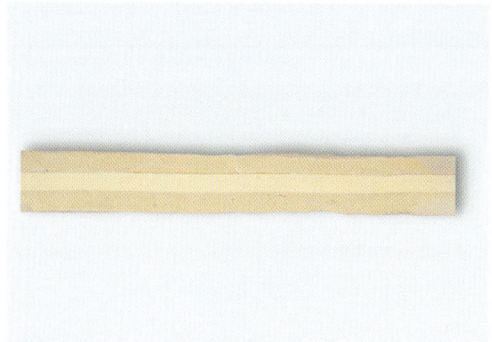

5 將片狀奶油用起酥機擀成邊長25公分的正方形,放在水麵團一側,使用美工刀切斷麵團。

6 折疊麵團,將奶油包裹在中間。

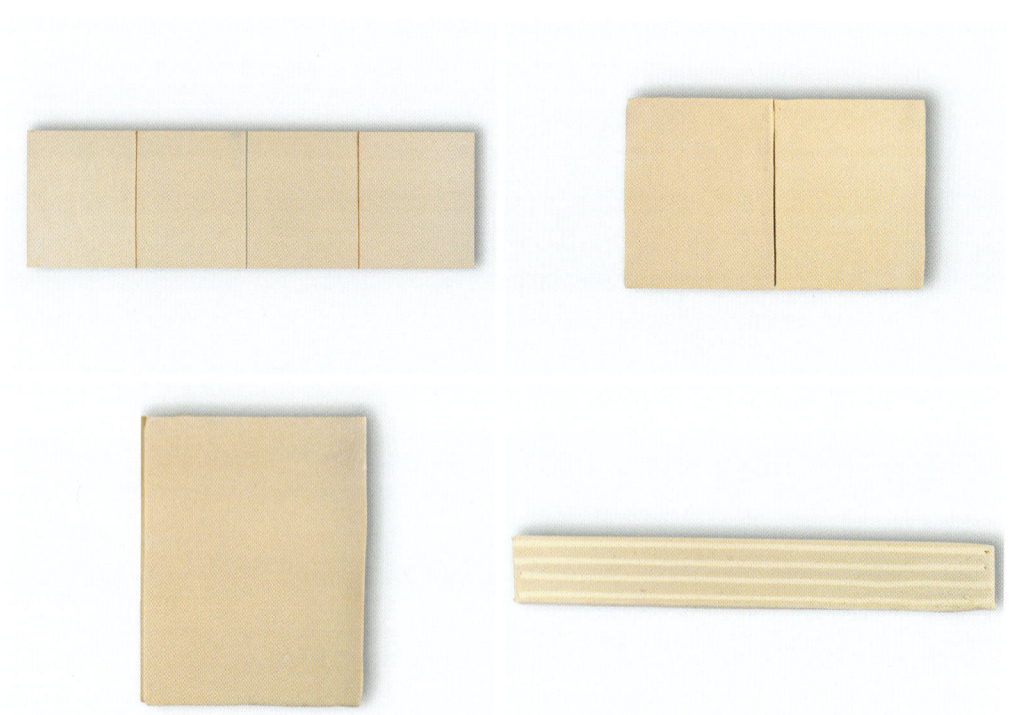

7 開始第一次折疊,用起酥機依次遞進地壓薄,最終壓到5公厘(mm)厚,把麵團兩端切平整後,平均分成4份,折一個4折。用保鮮膜貼面包裹,放入冰箱冷藏(4℃)2小時。

28

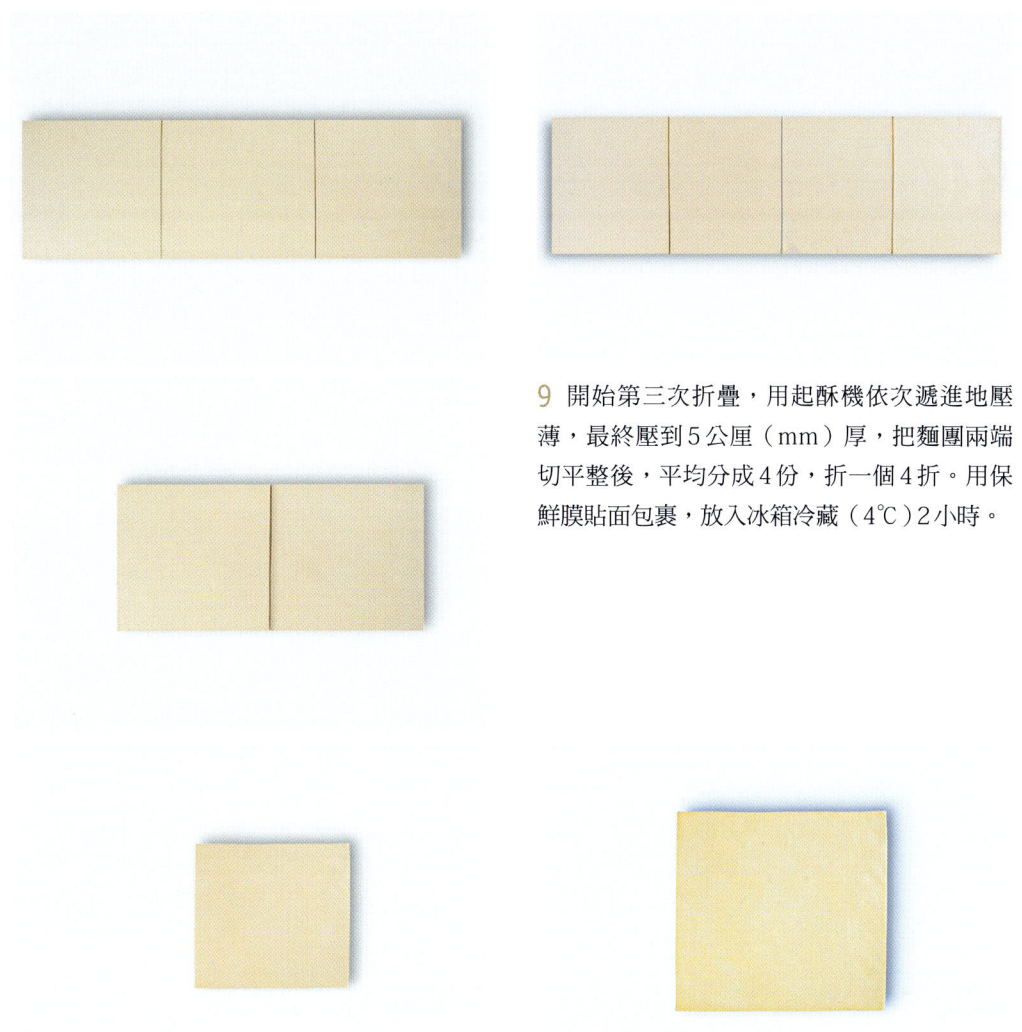

8 開始第三次折疊，用起酥機依次遞進地壓薄，最終壓到5公厘（mm）厚，把麵團兩端切平整後，平均分成4份，折一個4折。用保鮮膜貼面包裹，放入冰箱冷藏（4℃）2小時。

9 開始第三次折疊，用起酥機依次遞進地壓薄，最終壓到5公厘（mm）厚，把麵團兩端切平整後，平均分成4份，折一個4折。用保鮮膜貼面包裹，放入冰箱冷藏（4℃）2小時。

10 開始第四次折疊，靜置後的麵團再次壓成5公厘（mm）厚，把兩端切平整後，平均分成3份，折一個3折。用保鮮膜貼面包裹，放入冰箱冷藏（4℃）2小時即可。

反轉千層麵團

❀ **材料**（總重 2000 克）

麵皮部分
王后 T65 經典法式麵包粉 610 克
Echiré 恩喜村淡味奶油 198 克
鹽之花（或細鹽）23 克
水 247 克
白醋 5 克

油皮部分
Echiré 恩喜村淡味片狀奶油 655 克
王后 T65 經典法式麵包粉 262 克

❀ **做法**
❀ 製作麵皮部分

1 在攪拌機的缸中放入麵包粉、軟化奶油（溫度約30℃）、水、鹽之花和白醋。用最低速度攪打直至出現麵團。

2 用手將麵揉成團，然後擀成厚薄均勻的正方形麵團，邊長為25公分，用保鮮膜貼面包裹後放入冰箱冷藏（4℃）12小時。

❀ 製作油皮部分

3 在攪拌機的缸中放入片狀奶油和麵包粉，用攪拌勾攪拌至出現麵團。

4 將油皮麵團平均分成2份，將每份油皮麵團整型成邊長25公分的正方形。放入冰箱冷藏（4℃）12小時。

❈ 起酥方式

5　將準備好的麵皮放在兩張油皮中間,借助擀麵棍擀壓成5公厘(mm)厚。

6　開始第一次折疊,折一個4折。用保鮮膜貼面包裹,放入冰箱冷藏(4℃)至少2小時。

7　靜置後的麵團再次壓成5公厘(mm)厚,重複步驟6的操作。

31

9 重複步驟8的折疊操作，冷藏時間調整為至少4小時。

8 靜置後的麵團再次擀壓成5公厘（mm）厚，折第一個3折，用保鮮膜貼面包裹，放入冰箱冷藏（4℃）至少2小時。

小貼士

在製作反轉千層麵團的過程中必須遵守配方中的靜置時間，並且在整個操作過程中，需確保麵溫在12～14℃。

麵包類
起酥配方

可頌

◎ 原味可頌

原味可頌

❀ **材料**（可製作12個）
可頌麵團（見P24）1000克
蛋液適量

❀ **做法**

1 取出起酥並鬆弛好的可頌麵團，用起酥機把麵團的寬度壓至32公分，然後再換方向壓長，最終厚度壓到3.5公厘（mm），放在木板上，將寬度兩頭去邊裁切到30公分。

2 用分割器量好尺寸，進行裁切。

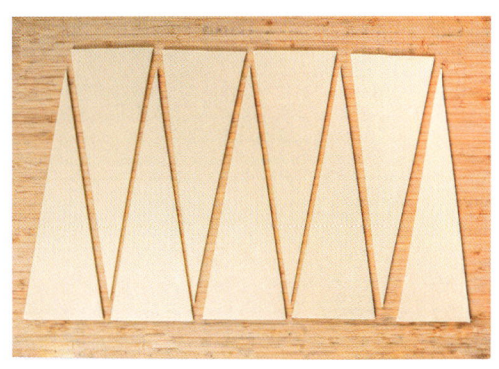

3 最終將麵團裁切分割成底部寬10公分，高30公分的等腰三角形。

4 把麵團從三角形底部捲起來，麵團兩邊間距要保持一致，最終介面要壓到麵團底部中間。

5 整型完成後，均勻擺放到烤盤上，放入發酵箱（溫度28℃，濕度75%）發酵120分鐘。發酵完成後取出，表面刷一層蛋液。

6 放入烤箱，上火220℃、下火170℃，烘烤15～18分鐘。烤至表面金黃色即可出爐。

彎月可頌

❊ **材料**（可製作 12 個）
可頌麵團（見 P24）1000 克
蛋液適量

❊ **做法**

1 取出起酥並鬆弛好的可頌麵團，用起酥機把麵團的寬度壓至 32 公分，然後再換方向壓長，最終厚度壓到 3.5 公厘（mm），放在木板上，將寬度兩頭去邊裁切到 30 公分，然後用分割器量好尺寸，進行裁切。

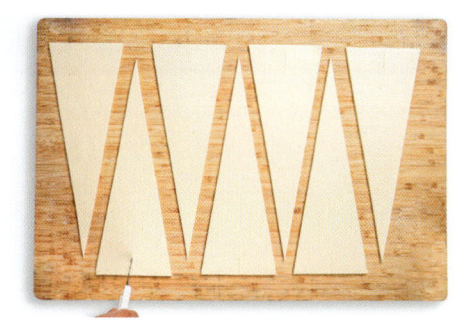

2 最終將麵團裁切分割成底部寬 11 公分、高 30 公分的等腰三角形，在三角形底部中間位置用美工刀劃出 1.5 公分。

3 沿著三角形的底邊將麵皮輕輕用手拉長（不要拉斷破裂），再從三角形底部捲起來，麵團兩邊間距要保持一致，最終介面要壓到麵團底部中間。

4 將可頌麵團兩端折疊成牛角狀固定好，整型完成後，均勻擺放到烤盤上（烤盤裡均勻鋪上烤盤紙或高溫帶孔烤墊增加可頌麵團的摩擦力，不容易變形）。

5 放入發酵箱（溫度 28℃，濕度 75%）發酵 120 分鐘。發酵完成後取出，表面刷一層蛋液。

6 放入烤箱，上火 220℃、下火 170℃，烘烤 15～18 分鐘。烤至表面金黃色即可出爐。

巧克力可頌

❋ **材料**（可製作 12 個）
可頌麵團（見 P24）1000 克
蛋液適量
耐烤巧克力棒 24 根

❋ **做法**

1 取出起酥並鬆弛好的可頌麵團，用起酥機把麵團的寬度壓至 30 公分，然後再換方向壓長，最終厚度壓到 3.5 公厘（mm）。放在木板上，將寬度兩頭去邊裁切到 28 公分。

2 用分割器量好尺寸，進行裁切。

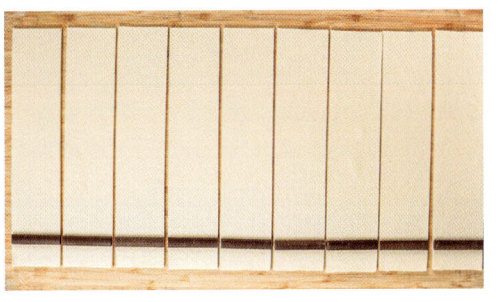

3 最終將麵團裁切分割成長28公分、寬6公分,將耐烤巧克力棒放在距離麵團底端1.5公分處。

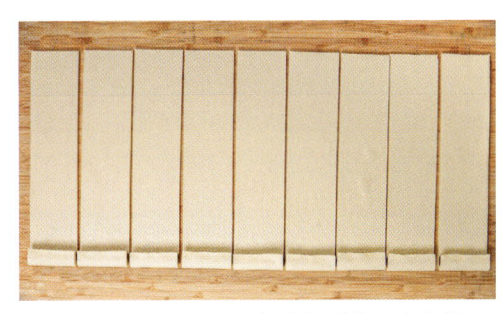

4 將底端的麵團捲一圈包裹住耐烤巧克力棒。

5 再取出一根耐烤巧克力棒放在折疊的麵團上。

6 將麵團順著往上捲起一半。

7 把麵團頂端介面處壓薄,繼續往上捲起,將介面處壓到麵團底部中間。整型完成後,均勻擺放到烤盤上,放入發酵箱(溫度28℃,濕度75%)發酵120分鐘。

8 發酵完成後取出,麵團表面刷一層蛋液。

9 放入烤箱,上火220℃、下火170℃,烘烤15〜18分鐘。烤至表面金黃色即可出爐。

◎ 杏仁榛子可頌

杏仁榛子可頌

材料（可製作 12 個）

杏仁榛子醬
Echiré 恩喜村淡味
奶油 100 克
細砂糖 100 克
全蛋 100 克
榛子粉 200 克
杏仁粉 40 克
王后精製低筋麵粉 30 克
玉米澱粉 20 克

其他
提前做好的原味可頌
（見 P35）12 個
杏仁片 192 克

做法

製作杏仁榛子醬

1 把奶油和細砂糖混合，快速打至發白狀態（奶油可提前放置室溫軟化）。

2 加入全蛋，攪拌均勻（全蛋可提前在室溫下放置回溫）。

3 依次加入榛子粉、杏仁粉、玉米澱粉和低筋麵粉。

4 攪拌均勻後裝入擠花袋中，用不完可冷凍保存。

組合

5 把烘烤完成的原味可頌從側面用鋸刀鋸開。

6 在鋸開的橫截面均勻塗抹約 20 克杏仁榛子醬。

7 蓋上另一半原味可頌，在頂部擠一條約 30 克的杏仁榛子醬。

8 挑選較完整的杏仁片，均勻地插在杏仁榛子醬上（每個可頌需要約 16 克杏仁片），然後放入旋風烤箱，210℃烘烤約 12 分鐘即可。

雙色可頌

❋ **做法**
❋ 製作紅色貼皮麵團

1 將200克可頌麵團與3克油溶性紅色色粉混合，倒入攪拌機中。

2 完全攪拌均勻至上色，然後密封冷藏鬆弛10分鐘。

3 麵團鬆弛好後取出，擀壓成長35公分、寬25公分，密封放冷藏冰箱隔夜鬆弛。

❋ **材料**（可製作14個）
紅色貼皮麵團
可頌麵團（P24）200克
油溶性紅色色粉3克

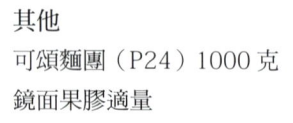

其他
可頌麵團（P24）1000克
鏡面果膠適量

※ 組合與整型

4 取出1000克起酥並鬆弛好的可頌麵團，擀壓成長35公分、寬30公分。

5 在麵團表面噴水，然後把隔夜鬆弛好的紅色貼皮麵團取出，蓋在原色可頌麵團表面（拉扯到大小一致），冷藏鬆弛90分鐘。

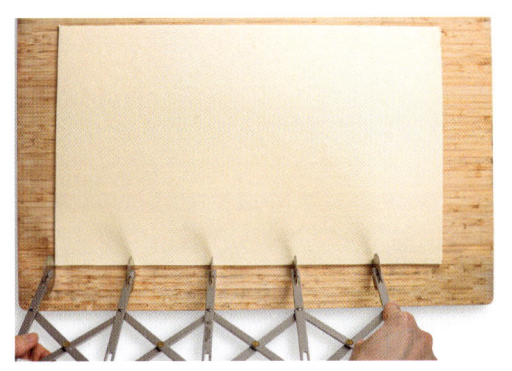

6 用起酥機把麵團的寬度壓至32公分，然後再換方向壓長，最終厚度壓到3.5公厘（mm）。放在木板上，將寬度兩頭去邊裁切到30公分，然後用分割器量好尺寸。

7 最終將麵團裁切分割成底部為10公分、高30公分的等腰三角形。

8 把麵團從三角形底部捲起來，麵團兩邊間距要保持一致，最終介面要壓到底部中間。整型完成後均勻擺放到烤盤上，放入發酵箱（溫度28℃，濕度75%）發酵120分鐘。發酵完成後，放入烤箱，上火210℃、下火170℃，烘烤15～18分鐘。烤至表面微微上色即可出爐，冷卻後在表面刷鏡面果膠即可。

◎ 黑金可頌

黑金可頌

❀ **材料**（可製作 20 個）
開心果卡士達醬
牛奶 260 克
即溶卡士達粉 70 克
鮮奶油 500 克
開心果醬 100 克

黑色可頌麵團
伯爵 T45 中筋麵粉 1000 克
細砂糖 120 克
鮮酵母 40 克
冰塊 420 克
全蛋 50 克
鹽 20 克
Echiré 恩喜村淡味奶油 30 克
竹炭粉 8 克
Echiré 恩喜村淡味片狀奶油 500 克
註：片狀奶油未體現在右圖中。

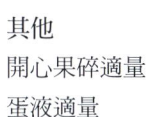

其他
開心果碎適量
蛋液適量

❀ **做法**
❈ 製作開心果卡士達醬

1 將即溶卡士達粉倒入牛奶中，順序不可顛倒，否則會形成顆粒。

2 快速攪拌至細膩均勻。

3 加入開心果醬,再次攪拌均勻。

4 把鮮奶油打至微發,如優酪乳狀,倒入攪拌好的開心果醬中。

5 最後攪拌均勻,裝入擠花袋冷藏存儲。

❖ 製作黑色可頌與組合

6 把細砂糖、冰塊、竹炭粉、全蛋加入攪拌缸中。

7 把鹽和中筋麵粉全部加入,開始慢速攪拌。

8 把麵團慢速攪拌至無乾粉狀態,加入奶油、鮮酵母,然後繼續慢速攪拌。

9 最終把麵團攪拌至九成麵筋,此時能拉出表面光滑的厚膜,孔洞邊緣處帶有稍小的鋸齒。

10 攪拌好後把麵團取出,表面整成光滑的圓形。麵團溫度控制在22～26℃,然後把麵團放置於22～26℃的環境中,基礎發酵30分鐘。

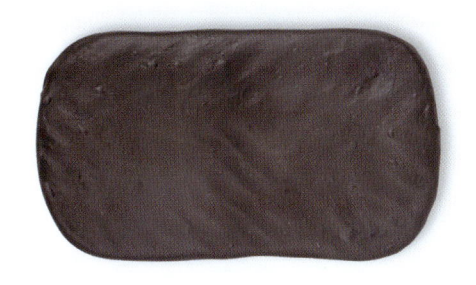

11 麵團鬆弛好後,擀壓成長50公分、寬30公分。密封放入冷凍室凍硬後,再轉冷藏冰箱裡隔夜鬆弛。

12 麵團隔夜鬆弛好後取出,底部朝上,把500克片狀奶油擀壓成薄片,尺寸長30公分、寬25公分。然後把片狀奶油放在麵團中心位置,側邊要和麵團保持平整。

13 用牛角刀把片狀奶油兩側的麵團切斷,把兩側切斷的麵團從兩邊往中間對折,介面處捏合到一起,用擀麵棍在表面輕輕按壓,讓麵團和奶油黏合到一起(做法見P25～26的步驟9～步驟11)。

14 用起酥機把麵團順著介面的方向，依次遞進地壓薄，最終壓到5公厘（mm）厚，把麵團兩端切平整，平均切成4塊，開始第一次折疊，折一個4折。

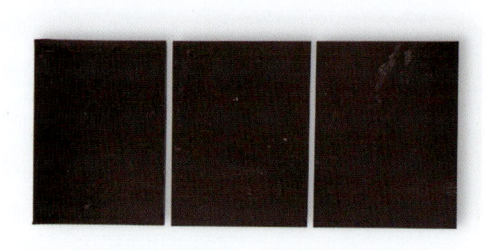

15 再次用起酥機把麵團接依次遞進地壓薄，最終壓到5公厘（mm）厚，把麵團兩端切平整，平均切成3塊，開始第二次折疊，折一個3折。

16 用保鮮膜將麵團密封包裹，放冷藏冰箱裡鬆弛90分鐘。

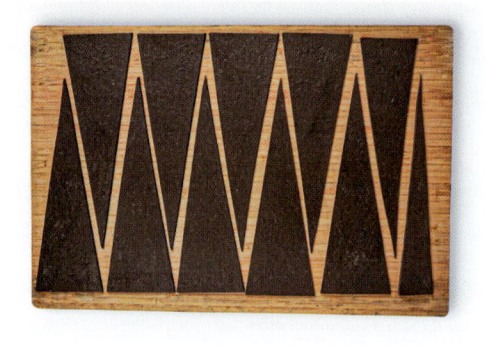

17 取出麵團，放在起酥機上，將寬度壓至32公分，然後再換方向壓長，最終厚度壓到3.5公厘（mm），放在木板上，將寬度兩頭去邊裁切到30公分。用分割器量好尺寸，進行裁切，最終裁切成底部寬10公分、高30公分的等腰三角形。

18 將等腰三角形麵團從底部捲起，放入烤盤，並放入發酵箱（溫度28℃，濕度75%）發酵約120分鐘。

19 發酵好的麵團表面刷蛋液，放入烤箱，上火210℃、下火180℃，烘烤18分鐘。將冷卻好的麵包用筷子在頂端戳個洞，擠入45克開心果卡士達醬，表面也擠少許作為裝飾，最後撒點開心果碎即可。

可頌
三明治

◎ 可頌三明治麵包

可頌三明治麵包

❀ **材料**（可製作 12 個）

可頌麵團（見 P24）1000 克　　酸黃瓜 500 克
烤熟的培根片 30 塊　　　　　　沙拉醬 200 克
黑胡椒粉適量　　　　　　　　　番茄 8 個
生菜 500 克　　　　　　　　　　蛋液適量

❀ **做法**

1 取出起酥並鬆弛好的可頌麵團，用起酥機把麵團的寬度壓至 38 公分，然後再換方向壓長，最終厚度壓到 3 公厘（mm）。取出把麵團切割成長 18 公分、寬 8 公分。

2 麵團表面噴水，然後把麵團從短邊捲起來，接口壓在底部中間。

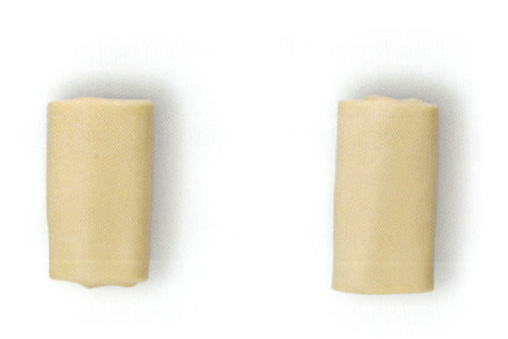

3 把麵團均勻地擺放在烤盤上，放入發酵箱（溫度 30℃，濕度 75%）發酵 80 分鐘。

4 麵團發酵好後取出，在表面刷一層蛋液，然後放入烤箱，上火 170℃、下火 170℃，烘烤 18～20 分鐘，烤至表面金黃即可出爐。

5 麵包烤好放涼後，用鋸刀從側邊鋸開。

6 先放 1 片生菜，再放 3 片番茄（提前切成片）。

7 放上 5 片烤熟的半塊培根（培根裡加入黑胡椒粉調味）。

8 在培根上擠約 15 克沙拉醬。

9 最後再放 6 片酸黃瓜即可。

◎ 酪梨蝦仁三明治

酪梨蝦仁三明治

❀ **材料**（可製作 3 個）
提前做好的原味可頌（見 P35）3 個　　水煮蛋 12 片　　沙拉醬 60 克　　蝦仁 15 顆
酪梨 150 克　　黑胡椒粉適量　　苦苣適量

❀ **做法**

1　把烘烤完成的原味可頌從側面用鋸刀鋸開。

2　在切口重疊擺上 5 片酪梨（約 50 克，提前切成片）。

3　在酪梨上再重疊放上 4 片切好的水煮蛋。

4　在雞蛋片上擠 20 克沙拉醬。

5　放上 5 顆蝦仁（蝦仁焯水，撒適量黑胡椒粉拌勻）。

6　最後放適量苦苣，然後蓋起來即可。

◎ 牛肉起司
　丹麥三明治

牛肉起司丹麥三明治

❀ **材料**（可製作 15 個）

可頌麵團（見 P24）1000 克
牛肉餅 15 塊
黑胡椒粉適量
芝麻菜 300 克

荷包蛋 15 個
沙拉醬 150 克
起司 8 片
番茄 15 片

❀ **做法**

1 取出起酥並鬆弛好的可頌麵團，用起酥機把麵團的寬度壓至 28 公分，然後再換方向壓長，最終厚度壓到 3 公厘（mm）。取出把麵團切割成長 25 公分、寬 4 公分。

2 麵團表面噴水，然後捲起來。

3 把麵團切面朝上放入大鼓模具（型號：DS1830380）。

4 放入發酵箱（溫度 30℃，濕度 75%）發酵 50 分鐘。麵團發酵好後約到模具八分滿，然後在表面蓋一張耐高溫油布，再壓一個烤盤，放入烤箱，上火 170℃、下火 170℃，烘烤 18～20 分鐘。烤至表面金黃即可出爐。

5 麵包烤好放涼後，用鋸刀從中間對半切開，先在底部放上大約10克芝麻菜，然後再放一片番茄。

6 放上一塊同等大小煎好的牛肉餅，擠上10克沙拉醬，再放半片起司。

7 放上一個荷包蛋（荷包蛋上撒黑胡椒粉調味）。

8 再放上10克芝麻菜。

9 最後把另一半麵包蓋在表面即可。

調理可頌

© 馬鈴薯龍蝦丹麥

馬鈴薯龍蝦丹麥

❀ **材料**（可製作 16 個）

馬鈴薯餡
蒸熟的馬鈴薯 500 克
黑胡椒粉 3 克

其他
可頌麵團（見 P24）1000 克
蝦仁 64 顆
黑胡椒粉適量
莫札瑞拉起司碎 160 克
蛋液適量

❀ **做法**
❀ 製作馬鈴薯餡

1　把黑胡椒粉加入蒸熟的馬鈴薯中，碾碎

2　用刮刀攪拌均勻，然後裝擠花袋備用。

◈ 整型與組合

3 取出起酥並鬆弛好的可頌麵團，用起酥機把麵團的寬度壓至32公分，然後再換方向壓長，最終厚度壓到3公厘（mm）。取出把麵團切割成長12公分、寬8公分。

4 把麵團擺放在五槽法棍烤盤上，放入發酵箱（溫度30℃，濕度75%）發酵60分鐘。

5 麵團發酵好取出，表面均勻刷一層蛋液。

6 在麵團中心處擠上一條馬鈴薯餡，重量約30克。

7 在馬鈴薯餡上放4顆蝦仁，再撒適量黑胡椒粉。

8 最終表面撒上10克莫札瑞拉起司碎，然後放入烤箱，上火220℃、下火170℃，烘烤15~18分鐘。烤至表面金黃即可出爐。

© 牛肉三角酥

牛肉三角酥

⊛ **材料**（可製作12個）
可頌麵團（見P24）1000克
咖哩牛肉醬（現成）360克
蛋液適量
黑芝麻適量

⊛ **做法**

1 取出起酥並鬆弛好的可頌麵團，用起酥機把麵團的寬度壓至34公分，然後再換方向壓長，最終厚度壓到3公厘（mm）。取出把麵團切割成邊長11公分的正方形。

2 用擀麵棍從麵團的中心處往外面擀，把其中一角擀薄。

3 在擀薄的麵團中心處擠上30克買來的咖哩牛肉醬。

4 如圖所示將麵團對折，把餡料包裹住，上面的麵皮要比下面的麵皮蓋出0.5公分左右，然後用美工刀在表面劃出條紋刀口，劃破麵團表皮即可。

5 把麵團均勻擺放在烤盤上，放入發酵箱（溫度28℃、濕度75%）發酵60分鐘，麵團發酵好後取出，表面均勻刷一層蛋液。

6 表面再撒適量黑芝麻，然後放入烤箱，上火220℃、下火180℃，烘烤18~20分鐘。烤至表面金黃即可出爐。

◎ 培根香腸丹麥

培根香腸丹麥

❀ **材料**（可製作 15 個）
可頌麵團（見 P24）1000 克
長 32 公分的德式香腸 2 根
培根 15 片
黑胡椒粉適量
莫札瑞拉起司碎 75 克

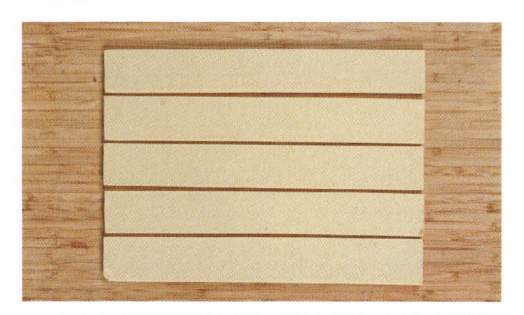

❀ **做法**

1 取出起酥並鬆弛好的可頌麵團，用起酥機把麵團的寬度壓至 32 公分，然後再換方向壓長，最終厚度壓到 3 公厘（mm）。取出把麵團切割成長 30 公分、寬 4 公分。

2 把香腸切成 4 公分長的段；再準備培根，表面撒上適量黑胡椒粉。

3 把香腸放在培根上，用培根把香腸捲起來。

4 再把捲好的培根放到麵團上捲起來，切面朝上。

5 把整型好的麵團放到 4 寸漢堡模具中，放入發酵箱（溫度 30℃，濕度 75%）發酵 60 分鐘。

6 發酵好後，在香腸上面撒 5 克莫札瑞拉起司碎，然後放入烤箱，上火 220℃、下火 170℃，烘烤 18～20 分鐘。烤至表面金黃色即可出爐。

◎ 丹麥比薩

丹麥比薩

❀ **材料**（可製作 23 個）

可頌麵團（見 P24）1000 克　　洋蔥丁 230 克
奧爾良雞排粒 460 克　　　　　沙拉醬適量
聖女番茄 230 克　　　　　　　莫札瑞拉起司碎 230 克
蘆筍丁 230 克　　　　　　　　蛋液適量

❀ **做法**

1 取出起酥並鬆弛好的可頌麵團，用起酥機把麵團的寬度壓至 32 公分，然後再換方向壓長，最終厚度壓到 3.5 公厘（mm）。取出把麵團切割成長 50 公分、寬 30 公分。

2 用美工刀把麵團切割成長 50 公分、寬 1.5 公分的長條。

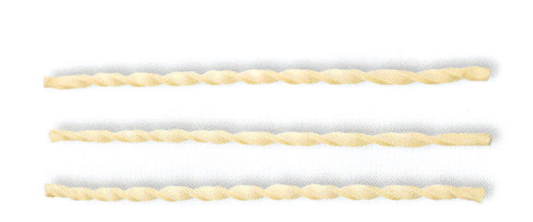

3 把麵團從兩邊反方向扭曲成麻花狀。

4 把麵團轉圈整型成圓形，均勻擺放在烤盤上，放入發酵箱（溫度 30℃，濕度 75％）發酵 60 分鐘。

5 麵團發酵好後取出，表面均勻刷一層蛋液。

6 準備好麵團表面裝飾需要的食材：洋蔥丁、奧爾良雞排粒、聖女番茄、莫札瑞拉起司碎和蘆筍丁。

7 先在麵團表面放上20克奧爾良雞排粒。

8 再放上10克蘆筍丁、10克聖女番茄和10克洋蔥丁。

9 最終在表面撒上10克莫札瑞拉起司碎，再擠適量沙拉醬，然後放入烤箱，上火220℃、下火170℃，烘烤18～20分鐘。烤至表面金黃即可出爐。

◎ 羅勒香腸丹麥

羅勒香腸丹麥

❂ **材料**（可製作 15 個）
可頌麵團（見 P24）1000 克
蛋液適量
奇亞籽適量
羅勒醬（現成）150 克
德式香腸 15 根

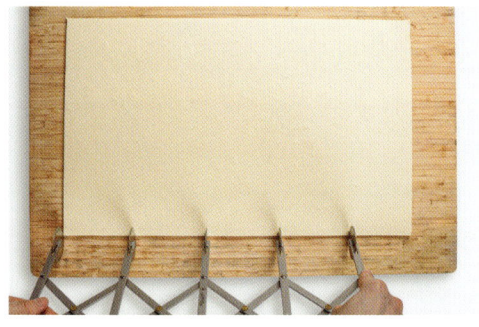

❂ **做法**

1 取出起酥並鬆弛好的可頌麵團，用起酥機把麵團的寬度壓至 26 公分，然後再換方向壓長，最終厚度壓到 3.5 公厘（mm）。放在木板上，將寬邊兩頭去邊裁切到 24 公分，然後用分割器量好尺寸（橫向間隔 8 公分）。

2 最終將麵團裁切分割成長 12 公分、寬 8 公分。

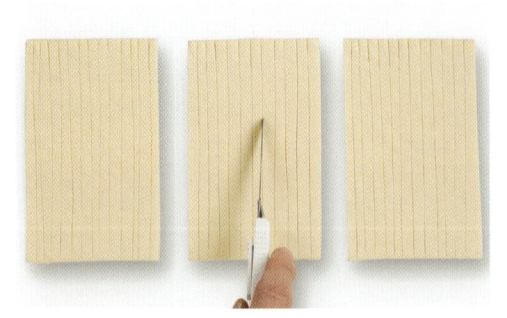

3 用美工刀在麵團表面輕輕劃出條形刀口，不要劃斷。

4 翻面，將沒有劃刀口的那面朝上，塗抹 10 克羅勒醬。

5 將1根德式香腸（約30克）縱向一切為二，分別放在麵團表面距離上下兩端各1/3的位置，把底部麵團捲起包裹住香腸。

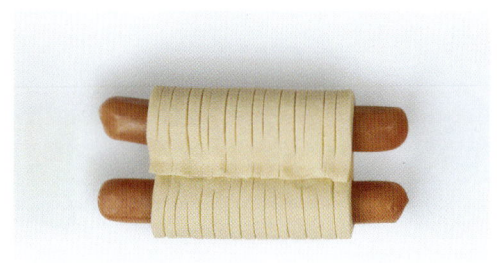

6 再把頂端麵團也捲起包裹住香腸，麵團介面處按壓在一起。

7 將整型好的麵團放入烤盤，再放入發酵箱（溫度28℃，濕度75％）發酵70分鐘。

8 將發酵好的麵團均勻地刷上蛋液。

9 撒上奇亞籽，放入烤箱，上火230℃、下火180℃，烘烤15分鐘。烤至表面金黃即可出爐。

花式丹麥

◎ 桂花西洋梨丹麥

桂花西洋梨丹麥

❀ **材料**（可製作 15 個）

杏仁榛子醬
Echiré 恩喜村淡味奶油 68 克
細砂糖 68 克
全蛋 68 克
榛子粉 136 克
杏仁粉 27 克
王后精製低筋麵粉 20 克
玉米澱粉 14 克

其他
可頌麵團（見 P24）1000 克
蛋液適量
防潮糖粉適量
桂花乾適量
鏡面果膠適量
西洋梨 15 個
千葉吊蘭適量

❀ **做法**

❈ 製作杏仁榛子醬

1 把奶油和細砂糖混合，快速打至發白狀態（奶油可提前放置於室溫下軟化）。

2 將全蛋加入打發的奶油中，攪拌均勻（全蛋可提前放置於室溫下回溫）。

3 依次加入榛子粉、杏仁粉和玉米澱粉。

4 加入低筋麵粉，攪拌均勻。

5 攪拌均勻後裝入擠花袋中，用不完可冷凍保存。

❈ 分割與組合

6 取出起酥並鬆弛好的可頌麵團，用起酥機把麵團的寬度壓至32公分，然後再換方向壓長，最終厚度壓到3.5公厘（mm）。放在木板上，將寬度兩頭去邊裁切到30公分。

7 將麵團寬度三等分,每塊寬10公分,然後用分割器量好尺寸(橫向間隔10公分)。

8 最終將麵團裁切分割成邊長10公分的正方形。

9 將正方形麵皮放入4寸漢堡模具中。

10 在表面刷蛋液,擠25克杏仁榛子醬。

11 最後放上削皮的西洋梨,放入發酵箱(溫度28℃,濕度75%)發酵40分鐘。然後放入烤箱,上火220℃、下火190℃,烘烤約20分鐘。烤至表面金黃即可出爐。麵包冷卻後在表面刷鏡面果膠,撒上桂花乾裝飾,在邊角處撒上防潮糖粉,然後再裝飾千葉吊蘭即可。

◎ 焦糖堅果丹麥

焦糖堅果丹麥

◈ **材料**（可製作 15 個）

卡士達起司餡
牛奶 174 克
即溶卡士達粉 62 克
奶油起司 140 克

焦糖堅果
細砂糖 160 克
鮮奶油 115 克
烤熟的腰果 130 克
烤熟的榛子 130 克

其他
可頌麵團（見 P24）1000 克
蛋液適量
千葉吊蘭適量
防潮糖粉適量

◈ **做法**

§ 製作卡士達起司餡

1 將即溶卡士達粉加入牛奶中，順序不可顛倒，否則會形成顆粒。

2 快速攪拌至細膩均勻。

3 將奶油起司提前在室溫下放置軟化，加入步驟2的混合物中。

4 再次攪拌均勻至細膩。

5 將做好的卡士達起司餡裝入擠花袋冷藏保存。

※ 製作焦糖堅果

6 將細砂糖倒入厚底鍋中,放在電磁爐上燒至焦糖色,然後將電磁爐調至120瓦,倒入鮮奶油攪拌均勻。

※ 分割與組合

7 攪拌均勻後加入烤熟的腰果和榛子,再次攪拌均勻即可。

8 參照桂花西洋梨丹麥製作邊長10公分的正方形麵皮(做法見P71~72的步驟6~步驟8),將麵皮放入4寸漢堡模具中,放入發酵箱(溫度28℃,濕度75%)發酵60分鐘。

9 在發酵好的麵團表面均勻地刷上蛋液。

10 擠入25克卡士達起司餡,然後放入烤箱,上火220℃、下火190℃,烘烤15分鐘。烤至表面金黃即可出爐。麵包冷卻後,在中間部分放35克焦糖堅果,表面用千葉吊蘭裝飾,在邊角處撒上防潮糖粉即可。

◎ 奶油香緹丹麥

奶油香緹丹麥

❈ **材料**（可製作 15 個）

卡士達起司餡
牛奶 250 克
即溶卡士達粉 90 克
奶油起司 200 克

其他
可頌麵團（見 P24）1000 克
蛋液適量
綠葡萄 450 克
防潮糖粉適量

❈ **做法**
❈ 分割與組合

1 參照桂花西洋梨丹麥製作邊長 10 公分的正方形麵皮（做法見 P71～72 的步驟 6～步驟 8），把分割好的正方形麵皮放入 4 寸漢堡模具中，放入發酵箱（溫度 28℃，濕度 75％）發酵 60 分鐘。

2 在發酵好的麵團表面均勻地刷上蛋液。

3 擠入 25 克卡士達起司餡（做法見 P74～75 的步驟 1～步驟 5），然後放入烤箱，上火 220℃、下火 190℃，烘烤約 15 分鐘。烤至表面金黃即可出爐。麵包冷卻後，中間部分再次擠入 10 克卡士達起司餡，在邊角處撒上防潮糖粉，然後把綠葡萄對半切開，均勻擺滿即可（每個約 30 克綠葡萄）。

◎ 檸檬唱片丹麥

檸檬唱片丹麥

❀ **材料**（可製作 30 個）
可頌麵團（見 P24）2000 克
糖漬檸檬丁 200 克
防潮糖粉適量

❀ **做法**

1 取出起酥並鬆弛好的可頌麵團，平均分成 2 份，用起酥機把麵團的寬度壓至 32 公分，然後再換方向壓長，最終厚度壓到 3 公厘（mm）。取出把麵團切割成長 40 公分、寬 30 公分。

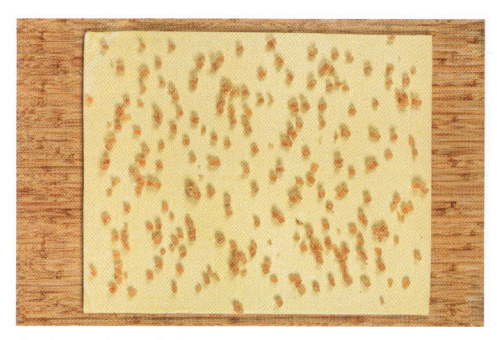

2 麵團表面噴水，均勻撒上一層糖漬檸檬丁（約 200 克）。

3 在表面再蓋上一張同等大小的麵團。

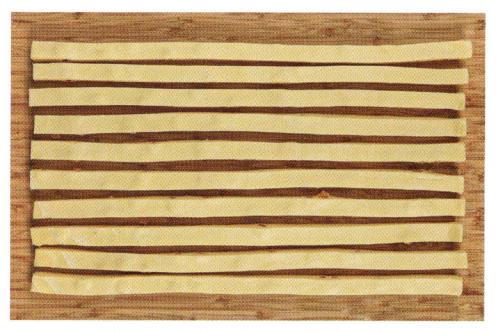

4 分割成長 40 公分、寬 1 公分的長條（每個長條約 70 克）。

5 把麵團從兩頭反方向扭成麻花形。

6 把麵團捲成圓形。

7 把麵團放入三能6寸慕斯圈（型號：SN 3858），放入發酵箱（溫度30℃，濕度75%）發酵60分鐘。

8 麵團發酵好後約到模具八分滿，在表面蓋一張耐高溫油布，再壓一個烤盤，放入烤箱，上火170℃、下火170℃，烘烤20～22分鐘。烤至表面金黃即可出爐。

9 出爐後，在麵包表面篩防潮糖粉裝飾即可。

◎ 開心果覆盆子丹麥

開心果覆盆子丹麥

❀ **材料**（可製作 15 個）

卡士達起司餡
牛奶 174 克
即溶卡士達粉 62 克
奶油起司 139 克

覆盆子醬
冷凍覆盆子果泥 263 克
細砂糖 79 克
葡萄糖 24 克
吉利丁 9 克

紅色貼皮麵團
配方見 P42

其他
可頌麵團（見 P24）1000 克
鏡面果膠適量
開心果碎適量

❀ **做法**
❀ 製作覆盆子醬

1 把冷凍覆盆子果泥、細砂糖和葡萄糖倒入厚底鍋中。

2 燒開後關火，加入吉利丁，攪拌均勻。

3 將覆盆子醬倒入直徑 4 公分的半圓矽膠模具，放入冰箱冷凍即可。

❈ 分割與組合

4 取出1000克起酥並鬆弛好的可頌麵團，擀壓成長22公分、寬17公分，表面噴水。

5 把隔夜鬆弛好的紅色貼皮麵團（參照P42做成長22公分、寬17公分的長方形）取出，蓋在步驟4的麵團表面，冷藏鬆弛90分鐘。

6 用起酥機把步驟5的麵團寬度壓至35公分，然後再換方向壓長，最終厚度壓到3.5公厘（mm）。放在木板上，將寬度兩頭去邊裁切到33公分，然後用分割器量好尺寸，進行裁切。

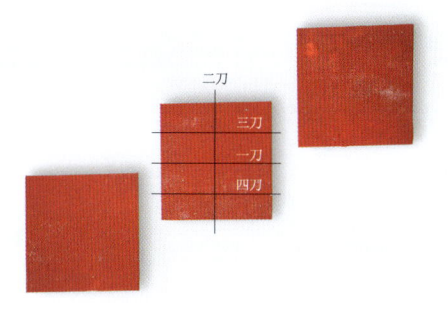

7 最終將麵團分割成邊長11公分的正方形，再把正方形麵皮切四刀成8個小長方形。

8 將8個小長方形麵皮對折放入4寸漢堡模具中；將邊角料擀薄，用模具（型號：三能SN3822）刻出麵皮，放在中央。

9 放入發酵箱（溫度28℃，濕度75%）發酵60分鐘。發酵完成後，在中間擠25克卡士達起司餡（做法見P74~P75的步驟1~步驟5），放入烤箱，上火220℃、下火180℃，烘烤15~18分鐘。烤至表面微微上色即可出爐，冷卻後在表面刷鏡面果膠，撒開心果碎，中間放上提前做好的覆盆子醬即可。

◎ 肉桂杏仁葡萄捲

肉桂杏仁葡萄捲

❀ **材料**（可製作 15 個）
可頌麵團（見 P24）1200 克

肉桂葡萄餡
葡萄乾 120 克
肉桂粉 10 克
白蘭地 50 克

杏仁榛子醬
Echiré 恩喜村淡味奶油 80 克
細砂糖 80 克
全蛋 80 克
榛子粉 160 克
杏仁粉 32 克
王后精製低筋麵粉 24 克
玉米澱粉 16 克

❀ **做法**
❀ 製作肉桂葡萄餡

1　把白蘭地加入葡萄乾中攪拌均勻。

2　把步驟 1 的材料倒入單柄鍋，加熱至白蘭地浸入到葡萄乾中。

3　把步驟 2 的材料倒入玻璃碗中，加肉桂粉，攪拌均勻。

覆盆子安曼捲

❀ **材料**（可製作 15 個）

卡士達起司餡
牛奶 110 克
即溶卡士達粉 40 克
奶油起司 88 克

覆盆子醬
冷凍覆盆子果泥 175 克
細砂糖 53 克
葡萄糖 16 克
吉利丁 6 克
註：參照P82做法，加入吉利丁攪拌均勻後，將覆盆子醬裝入擠花袋，放冰箱冷藏備用。

其他
可頌麵團（見 P24）1000 克
Echiré 恩喜村淡味片狀奶油 250 克
赤砂糖 300 克
新鮮覆盆子 15 顆
千葉吊蘭適量

❀ **做法**

1 取出提前準備好的可頌麵團，隔夜鬆弛好後，擀壓成長50公分、寬30公分，底部朝上，將片狀奶油擀壓成長30公分、寬25公分。把片狀奶油放在麵團中部，側邊要和麵團保持平整。用牛角刀把片狀奶油兩側麵團切斷，防止麵團對折後邊緣過厚。

2 把兩側切斷的麵團從兩邊往中間對折，介面處捏合到一起。用擀麵棍在表面輕輕按壓，讓麵團和奶油黏合到一起。

3 用起酥機把麵團順著介面的方向，依次遞進地壓薄，最終壓到 5 公厘（mm）厚，把麵團兩端切平整，平均切分成 4 塊，開始第一次折疊，折一個4折。

4 再次用起酥機把麵團接依次遞進地壓薄，最終壓到5公厘（mm）厚，把麵團兩端切平整，平均切分成3塊，在其中2塊麵團上均勻撒赤砂糖，每面各150克，開始第二次折疊，折一個3折。

5 用保鮮膜密封包裹起來，放冷藏冰箱裡鬆弛90分鐘。

6 取出鬆弛好的麵團，用起酥機把麵團的寬度壓至32公分，然後再換方向壓長，最終厚度壓到6公厘（mm）。放在木板上，將寬度兩頭去邊裁切到30公分。用分割器量好尺寸。

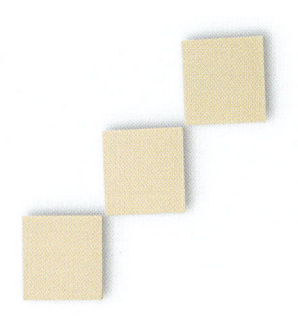

7 最終將麵團裁切分割成邊長10公分的正方形。

8 把分割好的正方形麵皮四個角往中間折疊按壓。

9 麵團倒扣放入4寸漢堡模具中，放入發酵箱（溫度28℃，濕度75%）發酵120分鐘。發酵好的麵團蓋上高溫布，壓上烤盤，放入旋風烤箱，180℃烘烤約18分鐘。烤至表面金黃即可出爐，麵包冷卻後中間部分擠入10克覆盆子醬，表面擠上15克卡士達起司餡（做法見P74～75的步驟1～步驟5），再裝飾1顆新鮮覆盆子（覆盆子裡擠入覆盆子醬），最後裝飾千葉吊蘭即可。

◎ 鳳梨蘋果丹麥

鳳梨蘋果丹麥

❀ **材料**（可製作 14 個）

鳳梨蘋果餡
鳳梨丁 200 克
蘋果丁 200 克
細砂糖 50 克
蜂蜜 20 克
Echiré 恩喜村淡味奶油 30 克

紅色貼皮麵團
配方見 P42

其他
可頌麵團（見 P24）1000 克
開心果碎適量
鏡面果膠適量

❀ **做法**

❀ 製作鳳梨蘋果餡

1 把細砂糖倒入單柄鍋中，加入蜂蜜。

2 用電磁爐加熱，開中火熬至焦糖色。

3 加入鳳梨丁和蘋果丁。

❀ 整型與組裝

4 把鳳梨丁、蘋果丁翻炒至出水，表面上水後加入奶油，翻炒均勻。

5 最終炒至濃稠，倒入碗中放涼備用。

6 取出 1000 克起酥並鬆弛好的可頌麵團，擀壓成長 35 公分、寬 30 公分，表面噴水，然後把隔夜鬆弛好的紅色貼皮麵團取出（長 35 公分、寬 30 公分），蓋在原色麵團表面。

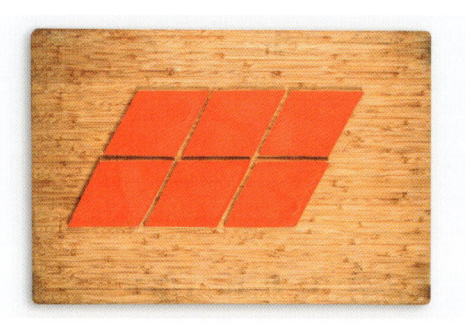

7 用起酥機把麵團的寬度壓至32公分,然後再換方向壓長,最終厚度壓到3公厘(mm)。然後取出,把麵團切割成中心高度18公分、中心寬度10公分的菱形。

8 用拉網刀從中心處把麵團一半拉出網狀刀口。

9 把麵團翻面,在中心放上30克鳳梨蘋果餡。

10 把麵團從中心對折,把餡料包裹住。

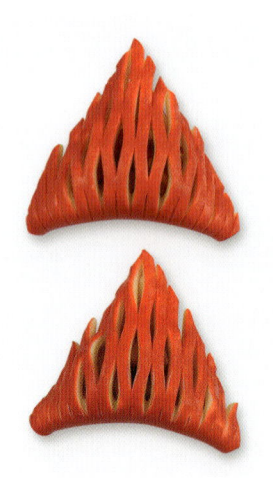

11 把麵團均勻擺放在烤盤上,放入發酵箱(溫度30℃,濕度75%)發酵60分鐘。麵團發酵好後放入烤箱,上火200℃、下火160℃,烘烤15～18分鐘。

12 烤好後取出,在表面刷一層鏡面果膠。

13 最後在麵包邊緣再黏一層開心果碎裝飾即可。

鹼水酥皮

◎ 鹼水普雷結丹麥

鹼水普雷結丹麥

⊛ **材料**（可製作 20 個）

鹼水
水 1000 克
烘焙鹼 40 克

其他
可頌麵團（見 P24）1000 克
白芝麻適量

⊛ **做法**

⊛ 製作鹼水

1 將烘焙鹼倒入水中，攪拌均勻。

2 放在電磁爐上燒開，冷卻後就可使用。

⊛ 整型

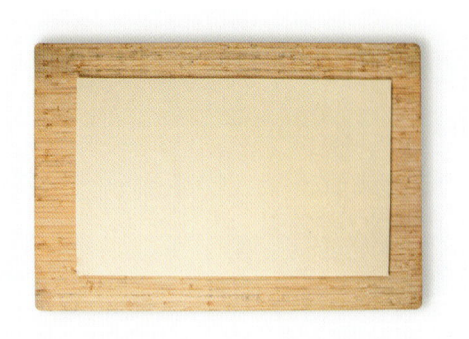

3 取出起酥並鬆弛好的可頌麵團，用起酥機把麵團的寬度壓至 22 公分，然後再換方向壓長，最終厚度壓到 6 公厘（mm），放在木板上，將寬度兩頭去邊裁切到 20 公分。

4 用分割器量好尺寸，進行裁切。

5 最終將麵團裁切分割成長70公分、寬1公分的長條。

6 將麵團搓成麻花形,然後編成德國結的形狀放入烤盤,並放入冷凍冰箱凍硬。

7 取出在鹼水中浸泡30秒。

8 然後將泡好的麵團放在烤盤中,放入發酵箱(溫度28℃,濕度75%)發酵30分鐘,發酵好後在表面撒白芝麻。放入旋風烤箱,170℃烘烤15～18分鐘,出爐後在表面噴薄薄一層水,增加光澤感即可。

© 川味辣椒鹼水結

川味辣椒鹼水結

❀ **材料**（可製作 13 個）

鹼水
配方見 P94

其他
可頌麵團（見 P24）1000 克
川味辣椒粉適量
Echiré 恩喜村淡味奶油適量

❀ **做法**

1 取出起酥並鬆弛好的可頌麵團，用起酥機把麵團的寬度壓至 22 公分，然後再換方向壓長，最終厚度壓到 6 公厘（mm），放在木板上，將寬度兩頭去邊裁切到 20 公分。

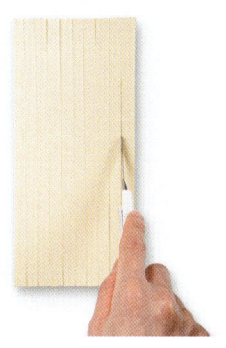

2 用分割器量好尺寸，進行裁切。

3 最終將麵團裁切分割成長 20 公分、寬 1.5 公分的長條，然後扭成麻花形，放入急速冷凍機凍硬。

4 取出在鹼水中浸泡 30 秒。

5 然後將泡好的麵團放在烤盤中，放入發酵箱（溫度 28℃，濕度 75%）發酵 30 分鐘，放入旋風烤箱，170℃烘烤 15～18 分鐘。

6 出爐後在表面刷薄薄一層奶油（融化成液體），表面蘸上川味辣椒粉即可。

◎ 調理鹹水丹麥

調理鹼水丹麥

❀ **材料**（可製作 16 個）

雞肉餡
煙燻雞胸肉丁 315 克
青甜椒粒 45 克
紅甜椒粒 45 克
玉米粒 45 克
沙拉醬 45 克
黑胡椒粉 3 克

鹼水
配方見 P94

其他
可頌麵團（見 P24）1000 克
沙拉醬適量
莫札瑞拉起司碎 192 克

❀ **製作步驟**

◈ 製作雞肉餡

1 把青甜椒粒和紅甜椒粒加入雞胸肉丁中。

2 加入玉米粒，拌勻。

3 加入黑胡椒粉。

4 加入沙拉醬，拌勻。

◈ 整型與組合

5 拌勻後放置備用。

6 取出起酥並鬆弛好的可頌麵團，用起酥機把麵團的寬度壓至32公分，然後再換方向壓長，最終厚度壓到3公厘（mm）。取出把麵團切割成邊長10公分的正方形。

7 把麵團的一個角往中心對折，另外一個對角也往中心對折壓緊。然後把麵團擺放在烤盤上，密封放冷凍冰箱凍硬。

8 取出在鹼水中浸泡30秒，然後撈出放在網架上瀝乾。

9 把麵團擺放在烤盤上，常溫回溫解凍30分鐘。

10 在麵團中心處放30克雞肉餡。

11 在餡料上再放12克莫札瑞拉起司碎。

12 最後在表面擠適量沙拉醬,然後放入烤箱,上火210℃、下火160℃,烘烤18～20分鐘。烤至表面金黃即可出爐。

蒜香鹼水香腸
起酥麵包

❀ **材料**（可製作 10 個）
鹼水
配方見 P94

其他
可頌麵團（見 P24）1000 克
長 32 公分的德式香腸 10 根
蒜泥醬（現成）適量

❀ **做法**

1 取出起酥並鬆弛好的可頌麵團，用起酥機把麵團的寬度壓至 34 公分，然後再換方向壓長，最終厚度壓到 3.5 公厘（mm），放在木板上，將寬度兩頭去邊裁切到 32 公分。

2 然後用分割器量好尺寸，進行裁切。

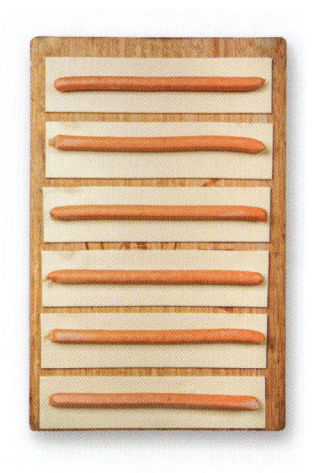

3 最終將麵團裁切分割成長32公分、寬8公分，在裁切好的麵團表面放一根德式香腸。

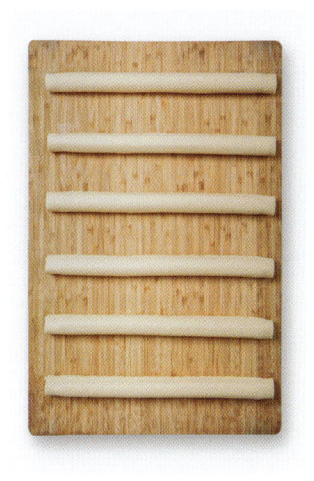

4 將麵團側面用手壓薄，然後將麵團與香腸捲起，把壓薄的麵團壓在捲起麵團的底部。

5 用美工刀在麵團頂部割5刀，每個刀口處都要割開香腸。

6 整型完成後，均勻擺放到烤盤上，然後放在急速冷凍機中凍硬，取出放在有鹼水的烤盤中浸泡30秒。

7 將泡好的麵團放在帶孔烤盤墊上，放入發酵箱（溫度28℃，濕度75%）發酵30分鐘。放入旋風烤箱，170℃烘烤15～18分鐘，出爐後在表面噴薄薄一層水，然後在香腸刀口處均勻刷上蒜泥醬即可。

布里歐酥

◎ 布里歐
千層吐司

布里歐千層吐司

❈ **材料**（可製作 10 個）
  布里歐麵團（見 P22）2200 克
  Echiré 恩喜村淡味片狀奶油 500 克
  開心果碎適量

❈ **做法**

1 取出隔夜鬆弛好的布里歐麵團，底部朝上，將片狀奶油擀壓成薄片，尺寸為麵團尺寸的一半。然後把奶油放在麵團中心位置，側邊要和麵團保持平整。

2 用牛角刀把奶油兩側麵團切斷，防止麵團對折後邊緣過厚。

3 把兩側切斷的麵團從兩邊往中間對折，介面處捏合到一起，用擀麵棍在表面輕輕按壓，讓麵團和奶油黏合到一起。

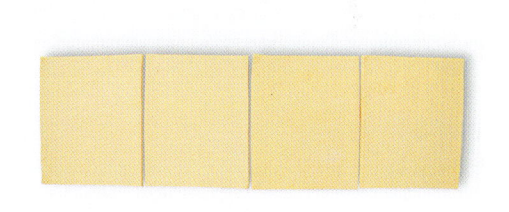

4 用起酥機把麵團順著介面的方向，依次遞進地壓薄，最終壓到 5 公厘（mm）厚，把麵團兩端切平整，平均分成 4 份，然後重疊成在一起，折一個 4 折。

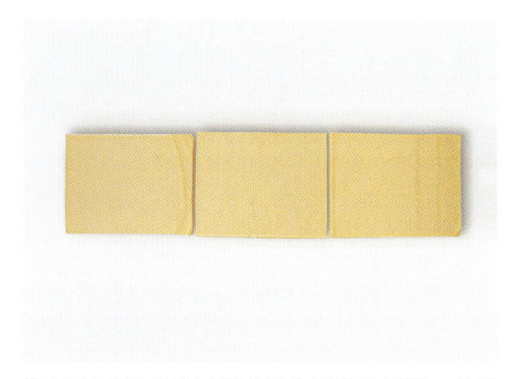

5 再次用起酥機把麵團依次遞進地壓薄,最終壓到5公厘(mm)厚,把麵團兩端切平整,平均分成3份。

6 把三塊麵團重疊在一起,折一個3折,然後用起酥機稍微壓薄,把麵團用保鮮膜密封包裹起來,放入冷藏冰箱裡鬆弛90分鐘。

7 麵團起酥完鬆弛好後取出,用起酥機把麵團的寬度壓至42公分,然後再換方向壓長,最終厚度壓到6公厘(mm),放在木板上,將寬度兩頭去邊裁切成長50公分、寬40公分,然後用分割器量好尺寸,進行裁切。

8 最終將麵團裁切分割成長40公分、寬4.5公分。

9 把麵團彎曲成型,放入250克的長方形吐司模具中,放入發酵箱(溫度28℃,濕度75%)發酵120分鐘。發酵好後放入烤箱,上火200℃、下火190℃,烘烤28~30分鐘。烤至表面金黃,冷卻後點綴少許開心果碎即可。

◎ 楓糖布里歐吐司

楓糖布里歐吐司

❀ **材料**（可製作 10 個）
布里歐麵團（見 P22）2200 克
楓糖片 600 克
核桃碎適量
蛋液適量

❀ **做法**

1 取出隔夜鬆弛好的布里歐麵團，底部朝上，取 600 克楓糖片，尺寸為麵團尺寸的一半。然後把楓糖片放在麵團中心位置，側邊要和麵團保持平整。

2 用牛角刀把楓糖片兩側麵團切斷，防止麵團對折後邊緣過厚。

3 把兩側切斷的麵團從兩邊往中間對折，介面處捏合到一起，用擀麵棍在表面輕輕按壓，讓麵團和楓糖片黏合到一起。

4 用起酥機把麵團順著介面的方向，依次遞進地壓薄，最終壓到 5 公厘（mm）厚，把麵團兩端切平整，平均分成 3 份，重疊在一起，折一個 3 折。然後再次用起酥機把麵團依次遞進地壓薄，最終壓到 5 公厘（mm）厚，再把麵團兩端切平整，平均分成 3 份，再次把麵團重疊在一起，折第二個 3 折。

5 用起酥機稍微壓薄，把麵團用保鮮膜密封包裹起來，放入冷藏冰箱裡鬆弛 90 分鐘。

6 麵團起酥完鬆弛好後取出，用起酥機把麵團的寬度壓至32公分，然後再換方向壓長，最終厚度壓到6公厘（mm），放在木板上，將寬度兩頭去邊裁切成長50公分、寬30公分，然後用分割器量好尺寸，進行裁切。

7 最終將麵團裁切分割成長30公分、寬8公分，每個約280克。

8 把麵團對折，中心處用美工刀切一刀，留2公分不用完全切斷。

9 把麵團打開，從中心刀口處，反方向各扭2圈成麻花形。

10 放入250克的長方形吐司模具中，再放入發酵箱（溫度28℃，濕度75％）發酵120分鐘。

11 發酵好後，大約到模具八分滿，取出在表面刷一層蛋液。

12 最後在表面撒適量核桃碎裝飾，放入烤箱，上火200℃、下火190℃，烘烤28～30分鐘。烤至表面金黃即可出爐。

109

◎ 80% 重油紅豆吐司

80% 重油紅豆吐司

❀ **材料**（可製作 8 個）
　布里歐麵團（見 P22）2000 克
　Echiré 恩喜村淡味片狀奶油 500 克
　蜜紅豆粒 300 克

❀ **做法**

1　取出隔夜鬆弛好的布里歐麵團，底部朝上，將 500 克片狀奶油擀壓成薄片，尺寸為麵團尺寸的一半。然後把奶油放在麵團中心位置，側邊要和麵團大小保持平整。

2　用牛角刀把奶油兩側麵團切斷，防止麵團對折後邊緣過厚。

3　把兩側切斷的麵團從兩邊往中間對折，介面處捏合到一起，用擀麵棍在表面輕輕按壓，讓麵團和奶油黏合到一起。

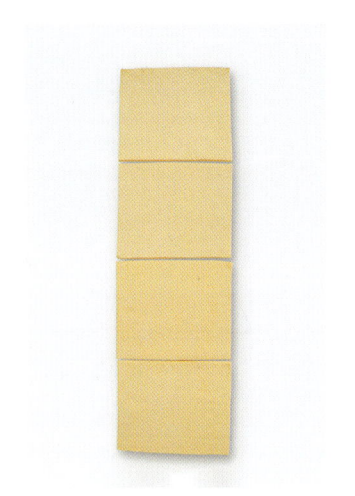

4 用起酥機把麵團順著介面的方向，依次遞進地壓薄，最終壓到5公厘（mm）厚，把麵團兩端切平整，平均分成4份，然後重疊成在一起，折一個4折。

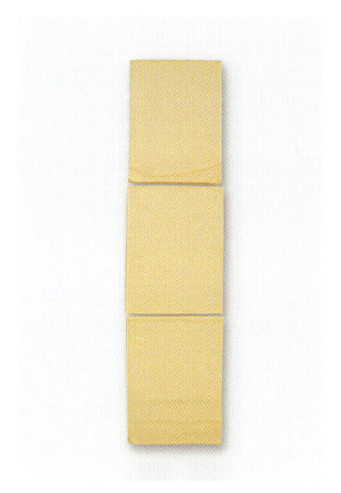

5 再次用起酥機把麵團依次遞進地壓薄，最終壓到5公厘（mm）厚，把麵團兩端切平整，平均分成3份。

6 在其中兩份麵團表面分別均勻地撒上150克蜜紅豆粒，共300克。

7 先把兩塊撒有蜜紅豆粒的麵團重疊，再把第三塊麵團蓋在表面，用起酥機稍微壓薄，然後把麵團用保鮮膜密封包裹起來，放入冷藏冰箱裡鬆弛90分鐘。

8 麵團鬆弛好後取出，用起酥機把麵團的寬度壓至34公分，然後再換方向壓長，最終厚度壓到6公厘（mm），放在木板上，將寬度兩頭去邊裁切成長40公分、寬32公分，然後用分割器量好尺寸，進行裁切。

9 最終將麵團裁切分割成長32公分、寬5公分，每塊約280克。

10 把切好的麵團沿長邊對折,用牛角刀均勻切成3條,注意留一端不要切斷。

11 把麵團切面朝上,編成三股辮。

12 把麵團從下往上捲起,最終介面要壓到底部中間。

13 整型完成後,放入200克的正方形吐司模具中,放入發酵箱(溫度28℃,濕度75%)發酵120分鐘。

14 發酵完成後約到模具八分滿。

15 模具蓋上蓋子,然後放入烤箱,上火190℃、下火170℃,烘烤28～30分鐘。烤至表面金黃即可出爐。

◎ 巧克力香蕉可頌

巧克力香蕉可頌

❈ **材料**（可製作 15 個）

卡士達醬
蛋黃 65 克
細砂糖 65 克
王后精製低筋麵粉 25 克
玉米澱粉 8 克
牛奶 280 克
Echiré 恩喜村淡味奶油 20 克

其他
可頌麵團（見 P24）1000 克
香蕉 600 克
耐高溫巧克力豆 150 克
蛋液適量

❈ **做法**

❈ 製作卡士達醬

1 把蛋黃加入細砂糖中，用打蛋器攪拌均勻。

2 加入低筋麵粉和玉米澱粉。

3 用打蛋器完全攪拌均勻至順滑。

4 牛奶倒入厚底鍋中，在電磁爐上燒開。

5 把步驟4的牛奶緩慢地倒入步驟3攪拌好的蛋黃糊中，攪拌均勻。

6 攪拌好的液體再次倒入厚底鍋中，用小火邊加熱邊攪拌。

7 加熱至濃稠冒泡，加入奶油。

8 攪拌均勻，用保鮮膜貼面包裹，冷藏備用。

❈ 整型與組合

9 取出起酥並鬆弛好的可頌麵團，用起酥機把麵團的寬度壓至34公分，然後再換方向壓長，最終厚度壓到3公厘（mm）。然後取出把麵團切割成邊長11公分的正方形。

10 取一塊正方形麵團，沿對角線對折。

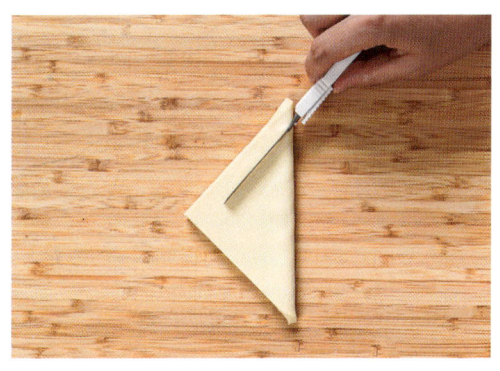

11 用美工刀從側邊切一刀,寬度約1公分。

12 另一邊同樣也用美工刀切一刀,注意兩條切口不要相交。

13 然後把麵團展開。

14 把切開的麵團,從上邊折向下邊。

15 再把下邊的麵團折向上邊。

16 把麵團均勻擺放在烤盤上,放入發酵箱(溫度30℃,濕度75%)發酵60分鐘。

117

17 發酵好後取出,在表面均勻刷一層蛋液。

18 在麵團中心擠上30克卡士達醬。

19 均勻擺上香蕉片,每塊放約40克。

20 在表面撒上10克耐高溫巧克力豆,然後放入烤箱,上火220℃、下火160℃,烘烤18~20分鐘。烤至表面金黃即可出爐。

甜點類
起酥配方

正疊千層酥

◎ 傳統弗朗塔

傳統弗朗塔

❀ **材料**（可製作 2 個）

卡士達醬
牛奶 500 克
香草莢 2 克
細砂糖 90 克
全蛋 100 克
玉米澱粉 50 克
Echiré 恩喜村淡味奶油 100 克

正疊千層麵團
配方見 P27

❀ **做法**

§ 製作卡士達醬

1 把香草莢剖開，刮出香草籽。單柄鍋中加入牛奶、香草籽，用電磁爐加熱煮沸。

2 細砂糖與過篩的玉米澱粉混合，攪拌均勻；加入全蛋，攪拌均勻。

3 將步驟 1 的液體沖入步驟 2 的材料中，同時使用打蛋器攪拌。

4 倒回單柄鍋中，加熱攪拌至濃稠冒大泡。

5 離火,加入切成小塊的奶油,攪拌均勻。

6 用保鮮膜貼面包裹,放入冰箱冷藏冷卻。

❈ 組裝

7 取已經折過一次3折和兩次4折的正疊千層麵團(做法見P27~29的步驟1~步驟9),將一部分麵團壓成長52公分、寬4.5公分、厚3公厘(mm)的長方形麵皮。在直徑16公分的慕斯圈內壁貼緊帶孔烤墊,將麵皮放入。再在麵皮內壁上貼烘焙油紙,填入烘焙重石。放入預熱好的旋風烤箱,180℃烤約30分鐘。

8 將另一部分麵團壓成長55公分、寬35公分、厚3公厘(mm)的麵皮。放在酥皮穿孔模具上,放入旋風烤箱,170℃烤50分鐘。

9 使用直徑14公分的刻模在步驟8烤好的千層酥上刻出形狀,作為弗朗塔的底部。

10 將步驟7的烤盤取出,冷卻後拿出烘焙重石和烘焙油紙,放入圓形千層酥,填入攪拌順滑的卡士達醬,放入預熱好的旋風烤箱,190℃烤約25分鐘即可。

◎ 水果奶油弗朗塔

水果奶油弗朗塔

⊛ **材料**（可製作 10 個）

百香果奶油醬
全蛋 144 克
細砂糖 101 克
鮮榨黃檸檬汁 13 克
百香果果泥 103 克
吉利丁混合物 11.2 克
（或 1.6 克 200 凝固值吉利丁粉 + 9.6 克泡吉利丁粉的水）
Echiré 恩喜村淡味奶油 200 克

椰子打發甘納許
椰奶 129 克
牛奶 103 克
吉利丁混合物 21 克
（或 3 克 200 凝固值吉利丁粉 + 18 克泡吉利丁粉的水）
西克萊特 35% 白巧克力 116 克
鮮奶油 298 克

卡士達醬
配方見 P121

覆盆子果醬
配方見 P133

裝飾
藍莓適量
覆盆子適量
黑莓適量
薄荷葉適量

⊛ **做法**
§ 製作百香果奶油醬

§ 製作椰子打發甘納許

1 吉利丁粉倒入冷水中，使用打蛋器攪拌均勻，放入冰箱冷藏至少 10 分鐘。全蛋與細砂糖混合，用打蛋器攪拌均勻。單柄鍋中加入百香果果泥和檸檬汁，加熱煮沸後沖入拌勻的蛋液中，用打蛋器攪拌，均勻受熱。

2 倒回單柄鍋中，加熱至 82～85℃。離火，加入泡好水的吉利丁混合物，攪拌至化開。降溫至 45℃左右，加入軟化至膏狀的奶油，用均質機均質。用保鮮膜貼面包裹，放入冰箱冷藏凝固。

3 單柄鍋中加入椰奶和牛奶，加熱煮沸；離火，加入泡好水的吉利丁混合物，攪拌至化開；沖入白巧克力中，用均質機均質；加入鮮奶油，用均質機均質。用保鮮膜貼面包裹，放入冰箱冷藏隔夜備用。

❈ 組合與裝飾

4 取已經折過一次3折和兩次4折的正疊千層麵團（做法見P27～29的步驟1～步驟9），將一部分麵團壓成長23公分、寬3.5公分、厚3公厘（mm）的長方形麵皮，放入直徑7公分的沖孔塔圈內壁。

5 在麵皮內壁貼上烘焙油紙，填入烘焙重石。放入預熱好的旋風烤箱，180℃烤約25分鐘。

6 將另一部分麵團壓成長55公分、寬35公分、厚3公厘（mm）的麵皮。放在酥皮穿孔模具上，放入旋風烤箱，170℃烤50分鐘。

7 使用直徑5公分的刻模在步驟6烤好的千層酥上刻出形狀，作為弗朗塔的底部。

8 將步驟5的烤盤取出，拿出烘焙重石和烘焙油紙，放入圓形千層酥，再填入卡士達醬，放入預熱好的旋風烤箱，190℃烤15分鐘。

9 往帶有卡士達醬的塔殼內填入覆盆子果醬。

10 填入百香果奶油醬至九分滿。椰子打發甘納許打至八成發，放入裝有直徑2公分圓形擠花嘴的擠花袋中，擠在百香果奶油醬上。最後裝飾上覆盆子、藍莓、黑莓和薄荷葉即可。

雙色羅勒起司酥條捲

雙色羅勒起司酥條捲

⊛ **材料**（可製作 24 個）
正疊千層麵團（見 P27）1000 克
油溶性紅色色粉 6 克

裝飾
百里香葉適量

羅勒糖漿
水 50 克
細砂糖 67.5 克
羅勒葉 10 克
檸檬皮屑半個量

⊛ **做法**

⊛ 製作羅勒糖漿

1　單柄鍋中加入水、細砂糖、羅勒葉和檸檬皮屑，煮開。過濾備用。

⊛ 整型

2　製作正疊千層麵團時，取 10% 的水麵團，加入油溶性紅色色粉，用攪拌勾低速攪拌混合均勻，製成紅色麵團。用保鮮膜貼面包裹，放入冰箱冷藏（4℃）。

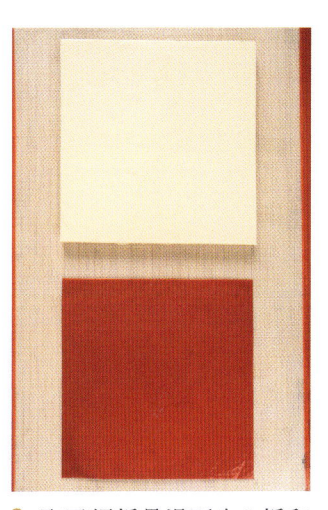

3　取已經折疊過兩次 3 折和兩次 4 折的正疊千層麵團（見 P27～29），擀成 1 張邊長 25 公分的正方形麵皮；將紅色麵團也擀壓成 1 張邊長 25 公分的正方形麵皮。

4 在正疊千層麵團表面噴適量水,將紅色麵團貼上,使用擀麵棍排出氣泡。

5 使用起酥機將麵團擀壓至長36公分、寬30公分、厚3公厘(mm),然後平均分成2張長30公分、寬18公分的麵皮,再進一步切分成長18公分、寬2.5公分。

6 在每個長方形麵團中間劃開一個長的口子,兩端各留1.5公分。

7 從切口處翻捲三次。

8 放入預熱好的旋風烤箱,175℃烘烤約30分鐘。

9 冷卻後,在表面刷上羅勒糖漿,裝飾上百里香葉即可。

◎ 蒜香香腸酥皮條

蒜香香腸酥皮條

❀ **材料**（可製作 20 個）
正疊千層麵團（見 P27）2000 克

蒜香奶油
Echiré 恩喜村淡味奶油 50 克
大蒜 30 克
歐芹葉 15 克
細鹽 0.25 克
細砂糖 5 克

裝飾
長 32 公分的德式香腸 20 根
百里香葉適量

❀ **做法**
❀ 製作蒜香奶油

1 大蒜切碎。

2 歐芹葉切碎。

3 將製作蒜香奶油的所有原材料放入攪拌缸中，用平攪拌槳低速攪拌均勻。放入盆中備用。

◈ 整型與組裝

4 取出已經折疊過兩次3折和一次4折的正疊千層麵團（見P27〜29，省去步驟9），厚度擀薄至4公厘（mm），切割成長34公分、寬4公分。

5 取出切分好的長方形麵皮，按住麵皮一端，用模具（SN4216）快速切割。

6 拉開麵皮，中間放上1根德式香腸。

7 塗抹5克蒜香奶油。

8 將香腸包裹住，介面處捏緊，兩邊往裡收，按緊。

9 翻過來，放入預熱好的旋風烤箱，180℃烘烤約30分鐘，出爐後用百里香葉裝飾即可。

◎ 漿果千層酥

漿果千層酥

❀ **材料**（可製作 6 個）
正疊千層麵團（見 P27）2000 克

覆盆子果醬
冷凍覆盆子 72 克
覆盆子果泥 72 克
細砂糖 40 克
NH 果膠 2 克
鮮榨黃檸檬汁 7 克
黑櫻桃酒 7 克

香草馬斯卡彭奶油
鮮奶油 300 克
細砂糖 30 克
香草莢 1 根
吉利丁混合物 17.5 克
（或 2.5 克 200 凝固值吉利丁粉 +15 克泡吉利丁粉的水）
馬斯卡彭起司 50 克

❀ **做法**
❀ 製作覆盆子果醬

1 盆中放入細砂糖、NH 果膠攪拌均勻。

2 單柄鍋中放入冷凍覆盆子和覆盆子果泥，加熱至 45℃ 左右。

3 緩慢倒入步驟 1 的混合物，使用打蛋器邊攪拌邊加入。

4 加熱至沸騰後,離火,加入檸檬汁和黑櫻桃酒,攪拌均勻。

5 倒入盆中,用保鮮膜貼面包裹,放入冰箱冷藏(4℃)。

⊗ 製作香草馬斯卡彭奶油

6 把吉利丁粉緩慢倒入水中,同時使用打蛋器攪拌混合均勻。

7 把香草莢剖開,取出香草籽。單柄鍋中加入鮮奶油、細砂糖和香草籽,加熱至沸騰。離火,加入泡好水的吉利丁混合物,攪拌至化開。

8 沖入裝有馬斯卡彭起司的盆中,用均質機均質均勻。用保鮮膜貼面包裹,放入冰箱冷藏(4℃)12小時。

§ 組合與裝飾

9　把香草馬斯卡彭奶油放入攪拌缸中打發至八成發，備用。

10　正疊千層麵團擀至厚4公厘（mm），放在長60公分、寬40公分的酥皮沖孔烤盤上，上下墊帶孔耐高溫矽膠烤墊。

11　放入預熱好的旋風烤箱，180℃烘烤約50分鐘。出爐後在室溫下放置冷卻。

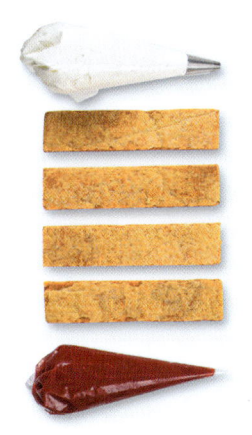

12　將酥皮切割成長20公分、寬5公分；打發好的香草馬斯卡彭奶油裝入帶有擠花嘴（型號：SN7066）的擠花袋中；覆盆子果醬攪拌順滑，裝入擠花袋中。

13　在三片酥皮上擠上香草馬斯卡彭奶油，每片酥皮擠上四條奶油。

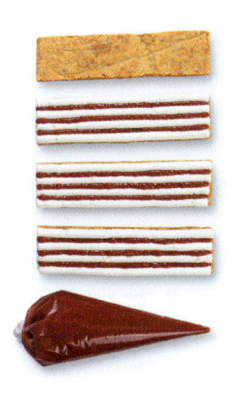

14　在奶油縫隙中，填入覆盆子果醬。

15 將酥皮重疊放置。

16 把酥皮豎起來,擠上覆盆子果醬即可。

◎ 火腿沙拉酥皮捲

火腿沙拉酥皮捲

⊛ **材料**（可製作 18 個）
正疊千層麵團（見 P27）800 克

馬鈴薯泥
馬鈴薯 240 克
鮮奶油 48 克
Echiré 恩喜村淡味奶油 72 克
海鹽適量
黑胡椒粒適量

油醋汁蔬菜沙拉
綠豌豆 75 克
聖女番茄 75 克
苦苣 150 克
檸檬汁適量
黑胡椒粒適量
海鹽適量
橄欖油適量
油醋汁適量

香草橄欖油
初榨橄欖油 100 克
香草莢 1 根

裝飾
義式火腿片適量

⊛ **做法**
⊗ 製作馬鈴薯泥

1 馬鈴薯削皮切成塊。單柄鍋中加水，放入馬鈴薯塊煮熟（竹籤能輕鬆紮透即可）。

2 料理機中加入煮熟的馬鈴薯塊、奶油、鮮奶油、海鹽和黑胡椒粒，攪打均勻。

3 倒入盆中，用保鮮膜貼面包裹，放入冰箱冷藏（4℃）。

⊛ 製作油醋汁蔬菜沙拉

⊛ 製作香草橄欖油

4 單柄鍋中加水、適量的海鹽和少量的橄欖油，煮沸後加入綠豌豆，燙熟後過濾備用。

5 盆中放入綠豌豆、聖女番茄（提前一分為四）、苦苣、檸檬汁、黑胡椒粒、海鹽、橄欖油和油醋汁，攪拌均勻。

6 把香草莢剖開，取出香草籽，與橄欖油混勻，過篩，裝入擠花袋備用。

⊛ 整型與組裝

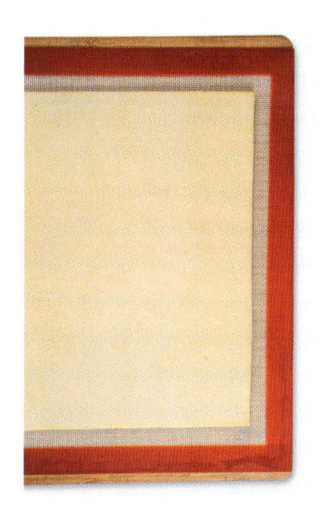

7 取出已經折疊過兩次3折和一次4折的正疊千層麵團（見P27～29，省去步驟9），擀至3公厘（mm）厚。

8 切割成長15公分、寬6公分的麵皮。放入五槽法棍烤盤中。

9 中間放上包有錫紙的擀麵棍。放入預熱好的旋風烤箱，180℃烘烤約30分鐘。

139

甜杏花語酥皮捲

❀ **材料**（可製作 18 個）
正疊千層麵團（見 P27）800 克

甜杏果凍
新鮮甜杏 243 克
鮮榨黃檸檬汁 24 克
細砂糖 27 克
325NH95 果膠 2.4 克
瓊脂（洋菜粉）3 克
百里香葉適量

香茅草打發甘納許
鮮奶油 331.5 克
香茅草 1.5 根
黃檸檬皮屑 1.5 個量
葡萄糖漿 64.5 克
吉利丁混合物 37.8 克
（或 5.4 克 200 凝固值吉利丁粉 + 32.4 克泡吉利丁粉的水）
西克萊特 35% 白巧克力 18 克

裝飾
甜杏適量
芝麻苗適量
矢車菊適量
鏡面果膠適量

❀ **做法**
❀ **製作甜杏果凍**

1 新鮮甜杏切半去核，再切成塊，放入單柄鍋中，加入百里香葉和檸檬汁，加熱至約 45℃；緩慢倒入混勻的細砂糖、果膠和瓊脂，同時使用打蛋器攪拌混合均勻。

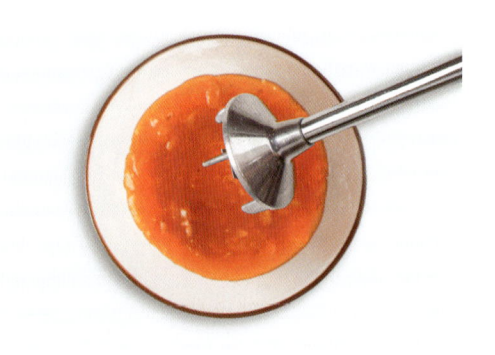

2 加熱至沸騰，倒入盆中，使用均質機攪打成泥狀。用保鮮膜貼面包裹，放入冷藏冰箱（4℃）冷卻凝固。

◈ 製作香茅草打發甘納許

3 單柄鍋中倒入鮮奶油，加熱至沸騰。加入香茅草和黃檸檬皮屑，燜10分鐘。

4 過濾出香茅草和檸檬皮屑，加入葡萄糖漿，加熱至80℃後離火，加入泡好水的吉利丁混合物，攪拌至化開。

5 沖入裝有白巧克力的盆中，用均質機均質均勻。用保鮮膜貼面包裹，放入冰箱冷藏（4℃）12小時。

◈ 組合與裝飾

6 甜杏果凍用均質機均質均勻，裝入帶有擠花嘴（型號：SN 7066）的擠花袋中；香茅草打發甘納許打至八分發，裝入帶有擠花嘴（直徑18公厘（mm））的擠花袋中；準備好U形千層酥（做法見P139的步驟7～步驟9）和裝飾材料。

7 在U型千層酥中填入15克甜杏果凍。

8 擠上香茅草打發甘納許。

9 甜杏去核，一分為六，使用噴火槍焦化表面，再刷上鏡面果膠。在香茅草打發甘納許上放甜杏、芝麻苗和矢車菊裝飾即可。

143

反轉千層酥

◎ 原味蝴蝶酥

原味蝴蝶酥

❀ **材料**（可製作 16 個）
　反轉千層麵團
　配方見 P30，另加適量細砂糖

　鹹焦糖粉
　細砂糖 286 克
　水 114 克
　葡萄糖漿 84 克
　Echiré 恩喜村淡味奶油 14 克
　鹽之花 1 克

❀ **做法**
❀ 起酥

1 參照 P30～31 的步驟 1～步驟 7，將反轉千層麵團折兩個 4 折，然後擀壓成 5 公厘（mm）厚。

2 在表面撒一層細砂糖，用擀麵棍輕輕碾壓，使糖嵌入麵皮中，折一個 3 折。用保鮮膜貼面包裹，放入冰箱冷藏（4℃）至少 2 小時。麵團取出後壓成 5 公厘（mm）厚，再次在表面撒一層細砂糖，用擀麵棍輕輕碾壓，使糖嵌入麵皮中。再折一個 3 折。用保鮮膜包裹，放入冰箱冷藏（4℃）至少 2 小時。

3 取出壓成長 100 公分、寬 30 公分、厚 4 公厘（mm）的麵皮，麵皮對折後打開，兩邊各折一個 3 折後對折，用水黏合。

4 用保鮮膜包裹，放入冰箱冷藏（4℃）至少 12 小時。

◈ 製作鹹焦糖粉

5 取出後切割成厚 1.5 公分的片。

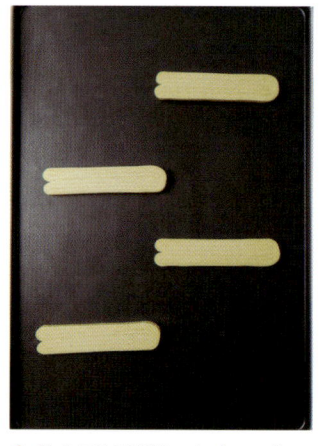

6 放入平爐烤箱，上火 165℃、下火 165℃，烤 35～40 分鐘。

7 在單柄鍋中放入水、細砂糖和葡萄糖漿，加熱至顏色變為金黃的焦糖色。放入奶油和鹽之花，攪拌至化開。

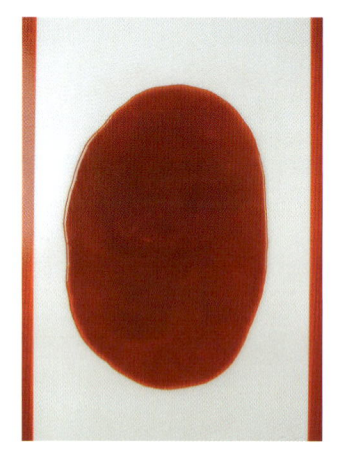

8 將做好的焦糖倒在矽膠墊上，放涼後倒入調理機中攪打成粉。

9 將鹹焦糖粉借助粉篩撒在烤好的蝴蝶酥表面。

10 再次放回烤箱，加熱至鹹焦糖粉化開，降溫後放入避潮的盒子中保存即可。

┌─ 小貼士 ─────────────────
│   鹹焦糖粉可以提前準備好，將其放入塑膠袋內密封保存即可。
└──────────────────────

◎ 羅勒蒜香蝴蝶酥

羅勒蒜香蝴蝶酥

❈ **材料**（可製作 15 個）

反轉油麵團
伯爵 T45 中筋麵粉 240 克
Echiré 恩喜村淡味片狀奶油 640 克

大蒜羅勒反轉水麵團
伯爵傳統 T55 麵粉 560 克
細鹽 20 克
水 280 克
白醋 14 克
Echiré 恩喜村淡味奶油 160 克
大蒜 17 克
羅勒葉 17 克

花椒糖
花椒 6 克
細砂糖 100 克

裝飾
羅勒葉適量

❈ **做法**

❈ 製作反轉油麵團

1 攪拌缸中放入切成小塊的片狀奶油和麵粉，用攪拌勾攪拌均勻。

2 將麵團放在兩張油紙中間，用起酥機擀薄至長 50 公分、寬 25 公分。放入冰箱冷藏（4℃）12 小時。

❈ 大蒜羅勒反轉水麵團

3 將製作大蒜羅勒反轉水麵團的所有原材料放入冰箱冷藏（4℃）3 小時。在料理機中放入大蒜和羅勒葉打碎，倒入盆中，備用。

※ 包油起酥

4 料理機中放入麵粉、鹽、切成小塊的奶油，低速攪打均勻。

5 將步驟4的材料倒入攪拌缸中，加入打碎的大蒜和羅勒；使用攪拌勾低速攪打的同時，緩慢倒入水和白醋，攪打直至成為麵團。

※ 製作花椒糖

6 將麵團使用起酥機擀壓至長50公分、寬25公分。放入冰箱冷藏（4℃）12小時。

7 料理機中放入花椒和細砂糖，打碎後倒入盆中備用。

8 重疊油麵團和水麵團，油麵團朝上。開始第一次折疊，使用起酥機依次遞進地壓薄，最終壓到5公厘（mm）厚，把麵團兩端切平整後，平均分成4份，將其中一塊麵皮翻過來，再將剩餘三塊麵皮依次重疊放上去，完成一個4折。用保鮮膜貼面包裹，放入冰箱冷藏（4℃）2小時。

149

9 開始第二次折疊，使用起酥機依次遞進地壓薄，最終壓到5公厘（mm）厚，把麵團兩端切平整後，平均分成3份，折一個3折。用保鮮膜貼面包裹，放入冰箱冷藏（4℃）2小時。

10 開始第三次折疊，使用起酥機依次遞進地壓薄，最終壓到5公厘（mm）厚，把麵團兩端切平整後，篩上花椒糖，用擀麵棍輕輕壓緊，使糖嵌入麵皮中，折一個4折。用保鮮膜貼面包裹，放入冰箱冷藏（4℃）2小時。

11 開始第四次折疊，使用起酥機依次遞進地壓薄，最終壓到5公厘（mm）厚，把麵團兩端切平整後，篩上花椒糖，用擀麵棍輕輕壓緊，折一個3折。用保鮮膜貼面包裹，放入冰箱冷藏（4℃）12小時。

12 取出擀薄至4.5公厘（mm）厚，把麵團兩端切平整後的長度為90公分，平均分成6份，兩邊各折一個3折後對折，用水黏合。用保鮮膜貼面包裹，放入冰箱冷凍（-24℃）20分鐘。

13 凍好後從冰箱取出，先將一側切割平整，然後切成寬1.5公分的蝴蝶酥麵團。

14 放置在烤盤上，放入預熱好的平爐烤箱，上火165℃、下火165℃，烘烤35〜40分鐘，出爐後用羅勒葉裝飾即可。

© 蘋果修頌

蘋果修頌

❀ **材料**（可製作 14 個）
反轉千層麵團見（P30）1120 克

肉桂蘋果餡
細砂糖 100 克
Echiré 恩喜村淡味奶油 70 克
蘋果 500 克
肉桂粉 1 克
香草莢 1 根

蛋液
鮮奶油 10 克
蛋黃 40 克
轉化糖漿 3 克

❀ **做法**
❀ 製作肉桂蘋果餡

1 蘋果削皮切成大小均勻的小塊，用鹽水浸泡，備用。把香草莢剖開，刮出香草籽。單柄鍋中加入細砂糖、香草籽和去籽後的香草莢。

2 小火熬成乾焦糖。

3 分次加入奶油（室溫），攪拌均勻。

4 蘋果過濾出鹽水，分次加入步驟3的單柄鍋中，攪拌均勻。

5 大火煮開,轉小火熬煮。

6 將蘋果煮透,收乾水分。

❈ 製作蛋液

7 加入肉桂粉,攪拌均勻。倒入盆中,用保鮮膜貼面包裹,放入冰箱冷藏(4℃)冷卻。

8 盆中加入鮮奶油、蛋黃和轉化糖漿,攪拌均勻。

❈ 組合與裝飾

9 取出已經折疊過兩次3折和兩次4折的反轉千層麵團(見P30～32),擀至3公厘(mm)厚。使用MF波浪帶齒橢圓形切模刻出形狀。

10 把擀麵棍放在麵皮中間,輕輕擀薄。

11 麵皮表面使用毛刷均勻刷上適量水。

12 填入45克肉桂蘋果餡。

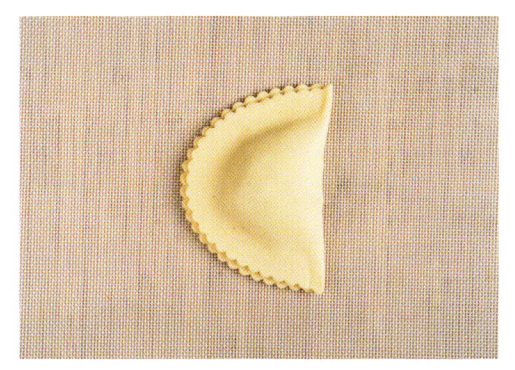

13 包緊餡料。放入冰箱冷藏（4℃）冷卻。

14 翻轉修頌，表面均勻刷上蛋液，放入冷藏冰箱15分鐘左右，至蛋液結皮。

15 再次刷上一層蛋液。

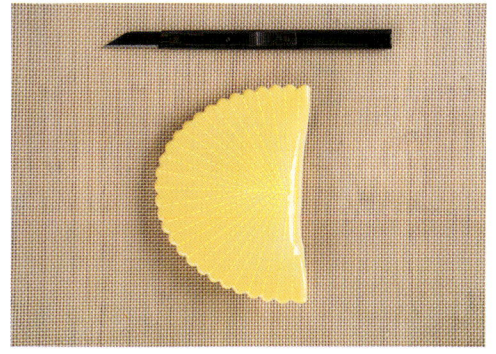

16 使用美工刀劃出花紋。放入預熱好的平爐烤箱，上火160℃、下火160℃，烘烤約60分鐘即可。

◎ 焦糖米布丁修頌

焦糖米布丁修頌

❀ **材料**（可製作 20 個）
反轉千層麵團（見 P30）1500 克

牛奶米布丁
牛奶 492.5 克
細砂糖 43 克
卡納羅利大米 61.5 克
香草莢 1 根
三仙膠（玉米糖膠）2.5 克

香草打發甘納許
鮮奶油 183.5 克
香草莢 1 根
吉利丁混合物 8.4 克
（或 1.2 克 200 凝固值吉利丁粉 +
7.2 克泡吉利丁粉的水）
西克萊特 35% 白巧克力 33.5 克

濃縮牛奶
海藻糖 28.5 克
葡萄糖漿 48 克
鮮奶油 173 克
香草莢 1 根

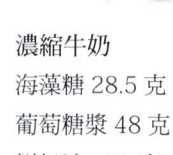

馬斯卡彭卡士達醬
牛奶 151 克
鮮奶油 16.5 克
香草莢 1 根
細砂糖 30 克
玉米澱粉 8 克
伯爵 T45 中筋麵粉 8 克
蛋黃 30 克
可可脂 10 克
吉利丁混合物 18.2 克
（或 2.6 克 200 凝固值吉利丁粉 +
15.6 克泡吉利丁粉的水）
Echiré 恩喜村淡味奶油 16.5 克
馬斯卡彭起司 10 克

鹹焦糖醬
細砂糖 53.5 克
Echiré 恩喜村淡味奶油 26.5 克
葡萄糖漿 53.5 克
鹽之花 0.8 克
鮮奶油 82.5 克
香草莢 1 根
吉利丁混合物 3.5 克
（或 0.5 克 200 凝固值吉利丁粉 +
3 克泡吉利丁粉的水）

香草輕奶油
香草打發甘納許 202 克
馬斯卡彭卡士達醬 270 克

蛋液
配方見 P153

157

❀ **做法**

❀ 製作牛奶米布丁

1 把香草莢剖開，刮出香草籽。料理機中加入牛奶、細砂糖、大米和香草籽，設置成攪拌檔位，溫度90℃，時間60分鐘左右。

2 倒入盆中，加入三仙膠，用打蛋器攪拌均勻。用保鮮膜貼面包裹，放入冰箱冷藏（4℃）冷卻。

❀ 製作香草打發甘納許

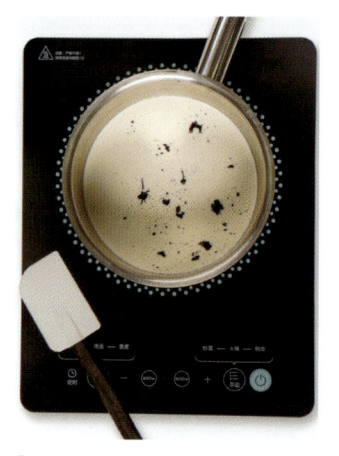

3 把香草莢剖開，刮出香草籽。單柄鍋中加入鮮奶油和香草籽，加熱至80℃。

4 加入泡好水的吉利丁混合物，攪拌至化開。

5 沖入裝有白巧克力的盆中，用均質機均質均勻。用保鮮膜貼面包裹，放入冰箱冷藏（4℃）12小時。

❀ 製作馬斯卡彭卡士達醬

6 盆中加入細砂糖和過篩後的澱粉、麵粉，用打蛋器攪拌均勻後，再加入蛋黃，用打蛋器攪拌至大致均勻。

7 加入鮮奶油，用打蛋器攪拌均勻，備用。

8 把香草莢剖開，刮出香草籽。單柄鍋中加入牛奶和香草籽，加熱至沸騰。將一半沖入步驟7的混合物中，攪拌均勻。

9 倒回至單柄鍋中，慢慢加熱至冒大泡、狀態變濃稠，離火，加入泡好水的吉利丁混合物，攪拌至化開。

10 加入可可脂和奶油，攪拌至化開。

11 加入馬斯卡彭起司，攪拌均勻。倒入盆中，用保鮮膜貼面包裹，放入冰箱冷藏（4℃）冷卻。

❈ 製作濃縮牛奶

12 把香草莢剖開，刮出香草籽。單柄鍋中倒入鮮奶油、海藻糖、葡萄糖漿和香草籽。

13 小火煮至103℃。

14 用均質機乳化均勻。用保鮮膜貼面包裹，放入冰箱冷藏（4℃）冷卻。

※ 製作鹹焦糖醬

15 單柄鍋中加入鮮奶油、鹽之花、葡萄糖漿和香草籽（提前取出），加熱至沸騰，備用。

16 另取一個單柄鍋，倒入細砂糖，小火熬成乾焦糖。

17 分次加入室溫狀態的奶油，攪拌均勻。

18 將步驟15的材料分次倒入，用刮刀攪拌均勻。

19 再次煮沸。加入泡好水的吉利丁混合物，攪拌至化開。

20 攪拌均勻，用保鮮膜貼面包裹，放入冰箱冷藏（4℃）。

※ 製作香草輕奶油

21 香草打發甘納許打至八成發泡。

22 馬斯卡彭卡士達醬過篩後用打蛋器攪拌順滑，與步驟21的材料混合，攪拌均勻。

※ 整型

23 參照P154～155的步驟9～步驟11製作麵皮。將牛奶米布丁裝入擠花袋中，在麵皮上擠入15克。參照P155的步驟13～步驟15包好餡料並刷上蛋液。

24 使用美工刀劃出花紋。放入預熱好的平爐烤箱，上火160℃、下火160℃，烘烤60分鐘左右。

※ 組合與裝飾

25 將香草輕奶油裝入帶有擠花嘴（型號：SN 7068）的擠花袋中；準備好牛奶米布丁、濃縮牛奶、鹹焦糖醬和烤好的修頌。

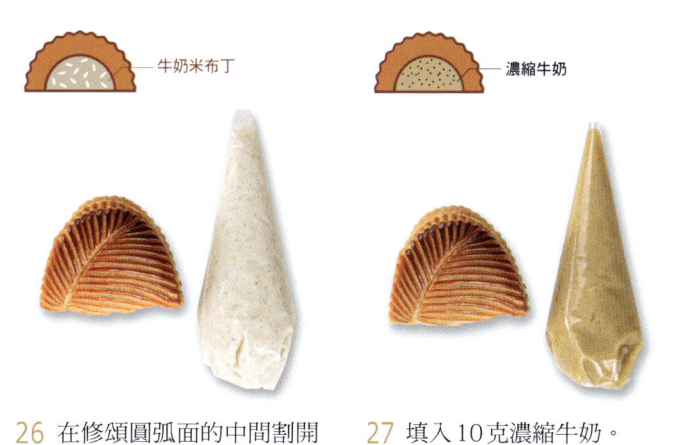

牛奶米布丁

濃縮牛奶

26 在修頌圓弧面的中間割開一個口子，填入約15克牛奶米布丁。

27 填入10克濃縮牛奶。

鹹焦糖醬

香草輕奶油

28 填入10克鹹焦糖醬。

29 擠上香草輕奶油即可。

◎ 國王餅

國王餅

❀ **材料**（可製作 3 個）

基礎卡士達醬
牛奶 180 克
鮮奶油 20 克
香草莢 1 根
蛋黃 40 克
細砂糖 30 克
玉米澱粉 16 克
Echiré 恩喜村淡味奶油 20 克

弗朗瑞帕奶油
Echiré 恩喜村淡味奶油 50 克
杏仁粉 50 克
糖粉 50 克
全蛋 50 克
黑蘭姆酒 10 克
基礎卡士達醬 50 克
玉米澱粉 8 克

蛋液
配方見 P153

反轉千層麵團
配方見 P30

❀ **做法**
❀ 製作基礎卡士達醬

1 把香草莢剖開，刮出香草籽。單柄鍋中加入牛奶、鮮奶油和香草籽，用電磁爐加熱煮沸。

2 細砂糖加入過篩的玉米澱粉中，攪拌均勻；加入蛋黃，攪拌均勻；將步驟 1 的液體沖入，同時使用打蛋器攪拌。

3 將步驟 2 的混合物倒回單柄鍋中，加熱攪拌至濃稠冒大泡。離火，加入切成小塊的奶油，攪拌均勻。用保鮮膜貼面包裹，在室溫下放置備用。

❈ 製作弗朗瑞帕奶油

❈ 組合與裝飾

4 攪拌缸中加入軟化至膏狀的奶油、玉米澱粉和糖粉，用平攪拌樂高速打發至顏色發白、體積膨脹。分次加入常溫全蛋，用平攪拌樂乳化均勻。加入杏仁粉，低速攪拌均勻。加入常溫基礎卡士達醬、黑蘭姆酒，低速攪拌均勻。放入裝有直徑2公分圓形擠花嘴的擠花袋中。

5 取已經折過一次3折和兩次4折的反轉千層麵團（做法見P30～32的步驟1～步驟8），將麵團壓成兩張厚3公厘（mm）、邊長22公分的正方形麵皮。在其中一張麵皮上擠上弗朗瑞帕奶油。在弗朗瑞帕奶油外側的麵皮上，刷薄薄一層水。

6 重疊兩張麵皮。

7 放上直徑20公分的慕斯圈，使用小刀切割成圓形。放入冰箱冷藏變硬。

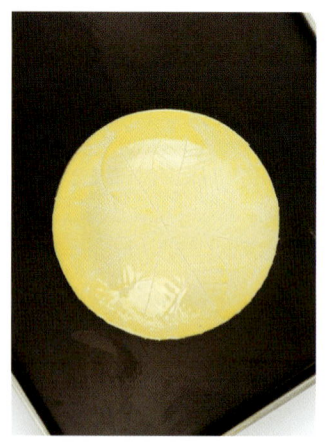

8 將國王餅翻轉。刷一層蛋液，放入冰箱冷藏15分鐘，讓蛋液凝固。取出再刷一層蛋液，放入冰箱冷藏10分鐘。畫上花紋。放入預熱好的平爐烤箱，上火190℃、下火170℃，烘烤約50分鐘即可。

◎ 鹹奶蓋千層酥

鹹奶蓋千層酥

❂ **材料**（可製作 15 個）
反轉千層麵團（見 P30）700 克

起司鹹奶蓋
奶油起司 18 克
細砂糖 9 克
牛奶 18 克
鮮奶油 85 克
海鹽 0.6 克

咖啡打發甘納許
鮮奶油（A）44 克
深烘咖啡豆 6 克
香草莢 1 根
吉利丁混合物 7 克
（或 1 克 200 凝固值吉利丁粉 + 6 克泡吉利丁粉的水）
西克萊特 35% 白巧克力 32 克
鮮奶油（B）111 克

鹹焦糖醬
配方見 P157，取 120 克即可

❂ **做法**
✳ **製作起司鹹奶蓋**

1　盆中放入奶油起司、細砂糖、牛奶、鮮奶油和海鹽，用均質機攪打均勻，放入冰箱冷藏（4℃）備用。

✳ **製作咖啡打發甘納許**

2　咖啡豆裝入擠花袋中，使用擀麵棍敲破表皮。單柄鍋中倒入鮮奶油（A），加熱至沸騰，加入咖啡豆，浸泡 10 分鐘。過篩出咖啡豆。補齊鮮奶油重量至 44 克。把香草莢剖開，刮出香草籽，放入單柄鍋中。

3　加熱至 80℃，加入泡好水的吉利丁混合物，攪拌至化開。沖入裝有巧克力的盆中，用均質機均質均勻。

◊ 組合與裝飾

4 加入鮮奶油（B），用均質機均質均勻。用保鮮膜貼面包裹，放入冰箱冷藏（4℃）12小時。

5 倒入打發缸中，中高速打至八分發泡。裝入帶有擠花嘴（型號：SN7068）的擠花袋中。

6 取出已經折疊過兩次3折和兩次4折的反轉千層麵團（見P30〜32），擀至4.5公釐（mm）厚。放在兩張帶孔耐高溫矽膠烤墊中間，四個角放上高2公分的模具，上面再壓一張烤盤。

7 放入預熱好的風爐烤箱，175℃烘烤約60分鐘。

8 烤好後取出，裁切成長11公分、寬3.5公分的酥皮；準備好鹹焦糖醬、咖啡打發甘納許和起司鹹奶蓋。

9 在其中一塊酥皮上，擠上兩條咖啡打發甘納許（共約10克）。

10 在中間縫隙中，擠入8克鹹焦糖醬。

11 將酥皮重疊放置。

12 將起司鹹奶蓋輕微打發，點綴在酥皮上即可。

167

◎ 覆盆子荔枝玫瑰
聖多諾黑

覆盆子荔枝玫瑰聖多諾黑

⊛ **材料**（可製作 3 個）
反轉千層麵團（見 P30）800 克

覆盆子荔枝醬
荔枝果肉 130 克
玫瑰花茶 6 克
水 50 克
覆盆子 85 克
覆盆子果泥 50 克
細砂糖 165 克
NH 果膠 5 克
青檸檬汁 60 克
吉利丁混合物 11.9 克
（或 1.7 克 200 凝固值吉利丁粉 + 10.2 克泡吉利丁粉的水）

荔枝玫瑰打發甘納許
鮮奶油 551 克
葡萄糖漿 32 克
西克萊特 35% 白巧克力 146 克
荔枝酒 72 克
吉利丁混合物 42 克
（或 6 克 200 凝固值吉利丁粉 + 36 克泡吉利丁粉的水）
玫瑰精華 4 克

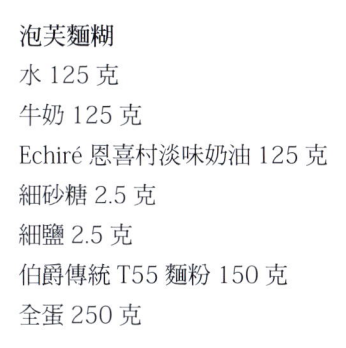

泡芙麵糊
水 125 克
牛奶 125 克
Echiré 恩喜村淡味奶油 125 克
細砂糖 2.5 克
細鹽 2.5 克
伯爵傳統 T55 麵粉 150 克
全蛋 250 克

泡芙酥皮
Echiré 恩喜村淡味奶油 48 克
細砂糖 38 克
伯爵傳統 T55 麵粉 48 克
油溶性紅色色粉適量

泡芙釉面
艾素糖 200 克
葡萄糖漿 200 克
油溶性紅色色粉適量

馬斯卡彭卡士達醬
配方見 P157，增加為 4 倍用量

裝飾
紅色玫瑰花瓣適量
凍乾覆盆子顆粒適量

⊛ **做法**
⊗ 製作覆盆子荔枝醬

1 單柄鍋中加入水,加熱至沸騰,加入玫瑰花茶,浸泡10分鐘後,過篩出花茶。

2 加入荔枝和覆盆子,用均質機均質均勻無顆粒。

3 加入覆盆子果泥和青檸檬汁,加熱至45℃左右;緩慢倒入混勻的細砂糖和果膠,邊加入邊用打蛋器攪拌。

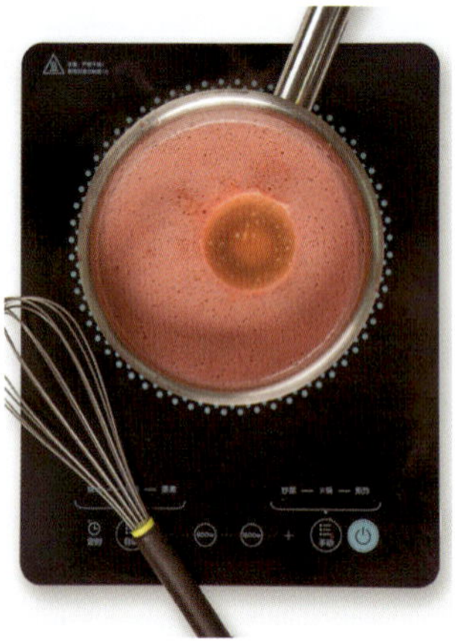

⊗ 製作荔枝玫瑰打發甘納許

4 加熱至沸騰後,加入泡好水的吉利丁混合物,攪拌至化開。

5 倒入盆中,用保鮮膜貼面包裹,放入冰箱冷藏(4℃)冷卻凝固。用均質機均質均勻,裝入擠花袋中,備用。

6 吉利丁粉緩慢倒入水中,同時使用打蛋器攪拌均勻,放入冰箱冷藏(4℃)10分鐘,備用。

7 單柄鍋中倒入鮮奶油和葡萄糖漿,加熱至80℃。離火,加入泡好水的吉利丁混合物,攪拌至化開。

8 沖入裝有巧克力的盆中,用均質機均質均勻。

9 倒入荔枝酒和玫瑰精華,用均質機均質均勻。

◈ 製作泡芙麵糊

10 用保鮮膜貼面包裹,放入冰箱冷藏(4℃)靜置12小時。倒入攪拌缸中,中高速打至八分發泡,裝入帶有擠花嘴(型號:韓國聖安娜481)的擠花袋中。

11 在單柄鍋中放入水、牛奶、奶油、細鹽和細砂糖,一起加熱至沸騰。

12 離火後加入過篩的麵包粉,麵糊攪拌均勻至無顆粒後,開火繼續翻炒麵糊至單柄鍋底有一層膜出現。將炒好的麵團倒入攪拌機的缸中,用平攪拌槳中速攪拌。

§ 製作泡芙酥皮

13 當溫度降至50℃時,將打散的全蛋分三四次加入,攪拌直至出現圖中的麵糊狀態。

14 將做好的麵糊放入盆中,用保鮮膜貼面包裹,放入冰箱冷藏(4℃)至少12小時,裝入帶有擠花嘴(型號:SN 7066)的擠花袋中備用。

15 料理機中加入切成小塊的奶油(冷藏狀態)、細砂糖、麵粉和油溶性紅色色粉,攪打均勻。

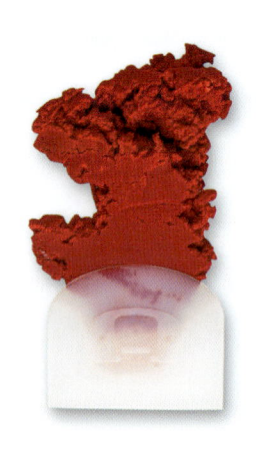

16 倒在乾淨的桌面上,用刮板碾壓均勻。

17 揉搓成圓柱狀,擀壓成2公厘(mm)厚。放入冰箱冷藏(4℃)冷卻凝固。

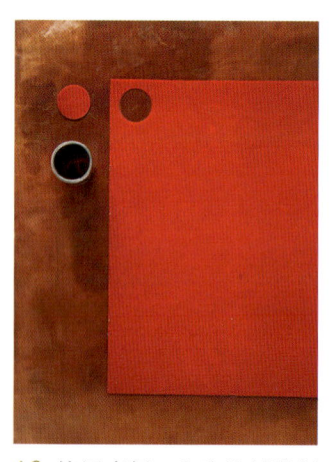

18 使用直徑3公分的刻模刻出形狀。

❀ 泡芙擠花烘烤

19 烤盤上噴脫模油，擠上直徑2公分的泡芙麵糊。

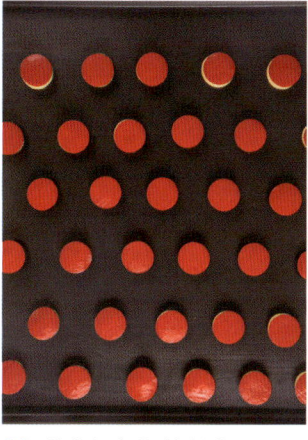

20 蓋上紅色泡芙酥皮。

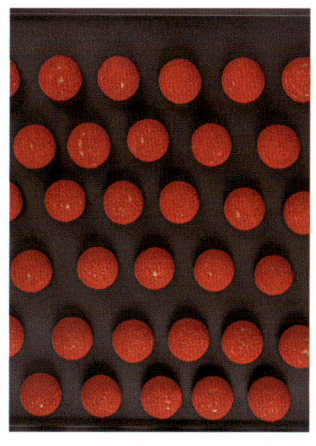

21 放入預熱好的平爐烤箱，上火170℃、下火170℃，烘烤約30分鐘。

❀ 製作泡芙釉面

22 單柄鍋中倒入艾素糖、葡萄糖漿和油溶性紅色色粉，小火加熱至150～160℃。

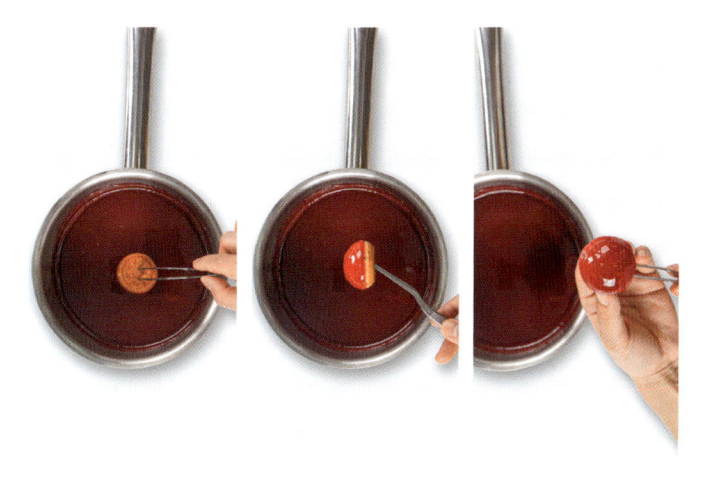

23 借助鑷子將泡芙表面浸入釉面中，拿出滴走多餘釉面。取出泡芙，放置在桌面上，在室溫下冷卻。

◈ 組合與裝飾

24 取出已折疊過兩次3折和兩次4折的反轉千層麵團（見P30～32），擀壓至3公厘（mm）厚。上下墊帶孔耐高溫矽膠烤墊，表面再壓上一張烤盤。放入預熱好的旋風烤箱，180℃烘烤約50分鐘，每烘烤10分鐘取出，拍打烤盤，排出氣體。

25 將烤好的酥皮切割成直徑25公分的圓形。

26 準備好酥皮、泡芙、凍乾覆盆子、玫瑰花瓣、覆盆子荔枝醬、荔枝玫瑰打發甘納許；馬斯卡彭卡士達醬裝入帶有擠花嘴（型號：SN7066）的擠花袋中。

27 泡芙底部使用小刀戳孔，擠入10克馬斯卡彭卡士達醬。

28 在距離酥皮邊緣2公分以內，擠上200克馬斯卡彭卡士達醬。

29 在馬斯卡彭卡士達醬上擠上150克覆盆子荔枝醬。

30 邊緣放上步驟27的泡芙。

31 如圖所示擠上275克荔枝玫瑰打發甘納許。

32 中央放一顆泡芙,再擺上玫瑰花瓣。

33 把凍乾覆盆子放入篩網中,碾壓篩在甘納許表面即可。

法甜風味
發酵酥皮

◎ 草莓水立方冰淇淋可頌

草莓水立方冰淇淋可頌

❀ **材料**（可製作 12 個）
可頌麵團（見 P24）1000 克
草莓口味冰淇淋 240 克

巧克力披覆
西克萊特 35% 白巧克力 200 克
葡萄籽油 50 克
油溶性紅色色粉適量

裝飾
綠色翻糖小花適量
白芝麻適量

❀ **做法**
❀ 整型與填餡

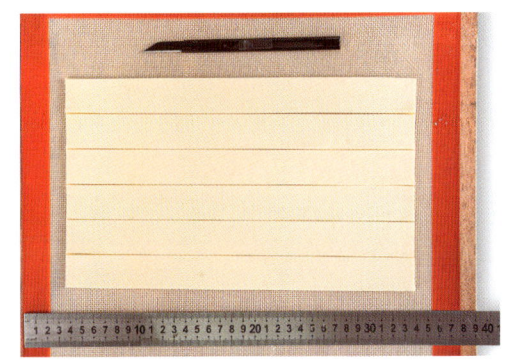

1 取出已經折疊過一次 3 折和一次 4 折的可頌麵團（見 P24～26），擀壓至 4 公厘（mm）厚，切割成長 30 公分、寬 3.5 公分的麵皮。

2 沿長邊輕輕捲起麵皮。

3 在模具（型號：SN2185）內部噴上脫模油，放入捲好的麵皮。

4 放入發酵箱（溫度 28℃，濕度 75%）發酵 90～120 分鐘。蓋上蓋子，放入預熱好的旋風烤箱，180℃烘烤約 18 分鐘。

5 出爐後，震動模具，把可頌倒出，放置在烤網架上冷卻。

6 把草莓口味冰淇淋裝入帶有擠花嘴（型號：SN7144）的擠花袋中，往烤好的水立方可頌中擠入20克。放入冷凍冰箱（-24℃）中。

◈ 製作巧克力披覆

7 盆中放入巧克力和葡萄籽油，隔熱水加熱至巧克力化開後，加入油溶性紅色色粉，用均質機均質均勻無顆粒，溫度控制在20℃左右。

◈ 裝飾

8 將可頌淋上巧克力披覆，撒上白芝麻。

9 使用彎柄抹刀將可頌轉移至展示盤上，裝飾上綠色翻糖小花即可。

178

◎ 茉莉花手指檸檬柑橘塔

茉莉花手指檸檬柑橘塔

❀ **材料**（可製作 24 個）
可頌麵團（見 P24）1500 克

手指檸檬果凍
水 61 克
鮮榨橙汁 91.5 克
細砂糖 15 克
瓊脂（洋菜粉）2 克
325NH95 果膠 1.5 克
三仙膠（玉米糖膠）0.8 克
手指檸檬 27 克
新鮮橙肉 20 克

茉莉卡士達醬
牛奶 126 克
茉莉花茶 3 克
香草莢 1 根
鮮奶油 14 克
細砂糖 25 克
蛋黃 25 克
玉米澱粉 12.5 克
Echiré 恩喜村淡味奶油 14 克

茉莉輕奶油
茉莉卡士達醬 190 克
鮮奶油 190 克

瑞式蛋白霜
細砂糖 156 克
蛋白 100 克
檸檬酸 1 克

裝飾
酸漿草適量

❀ **做法**
❀ 製作手指檸檬果凍

1 盆中加入細砂糖、瓊脂、果膠和三仙膠，用打蛋器攪拌均勻，備用。

2 單柄鍋中倒入水和橙汁，緩慢倒入步驟 1 的材料，邊倒入邊用打蛋器攪拌。

3 加熱至沸騰後倒入盆中，用保鮮膜貼面包裹，放入冰箱冷藏（4℃）冷卻凝固。加入橙肉，用均質機攪打順滑。

4 加入手指檸檬，用刮刀拌勻，裝入擠花袋中。

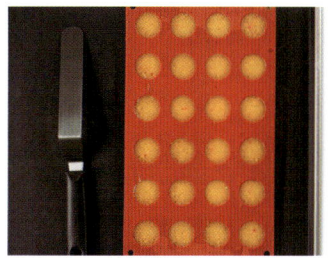

❧ 製作茉莉卡士達醬

5 擠入直徑3公分的半圓形矽膠模具，用彎柄抹刀抹平整。放入急速冷凍機（-40℃）冷卻凝固。

6 盆中放入細砂糖和澱粉，用打蛋器攪拌均勻；加入蛋黃和鮮奶油，用打蛋器攪拌均勻，備用。

7 單柄鍋中倒入牛奶，加熱至80℃，關火，加入茉莉花茶，燜8分鐘。

8 過濾出茶葉，補齊牛奶的重量至126克，把香草莢剖開，刮出香草籽，放入單柄鍋中。加熱至沸騰。

9 緩慢倒入步驟6的材料中，邊倒入邊用打蛋器攪拌均勻。

10 倒回單柄鍋中，加熱至濃稠且冒大泡，關火，加入奶油，用打蛋器攪拌均勻。倒入盆中。用保鮮膜貼面包裹，放入冰箱冷藏（4℃）冷卻凝固。

❈ 製作茉莉輕奶油

11 將茉莉卡士達醬過篩,加入打發至九成發泡的鮮奶油,用打蛋器攪拌均勻。裝入帶有擠花嘴(型號:SN7066)的擠花袋中備用。

❈ 製作瑞式蛋白霜

12 攪拌缸中倒入蛋白、細砂糖和檸檬酸,隔熱水加熱至55～60℃。高速打發至中性發泡(堅挺的鷹鉤狀)。裝入帶有擠花嘴(型號:SN7068)的擠花袋中備用。

❈ 組合與裝飾

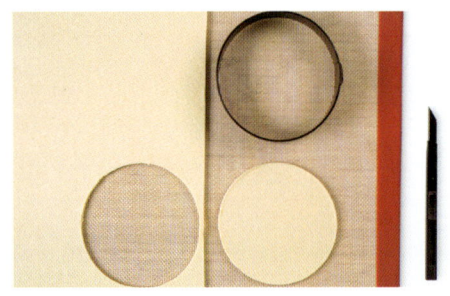

13 取出已經折疊過一次3折和一次4折的可頌麵團(見P24～26),用起酥機擀壓至3公厘(mm)厚。使用美工刀切割成直徑12公分的圓形。

14 取兩個直徑8公分、高3公分的菊花模具,噴上脫模油,一個噴在模具底部,另一個噴在模具內部。

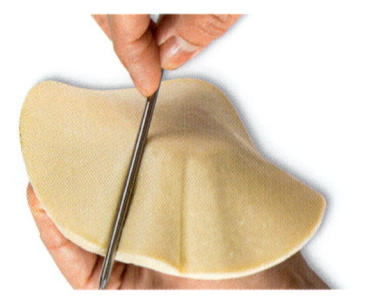

15 將麵皮放在倒扣的模具上,使用溫度計將麵皮貼緊模具。

16 套上另一個模具,按緊,放入冰箱冷藏(4℃)冷卻。

17 使用美工刀切割掉多餘的麵皮。

18 在模具內放入烘焙重石,放入預熱好的旋風烤箱,175℃烘烤15～20分鐘。出爐後倒出烘焙重石,將菊花塔脫模,在室溫下放置冷卻。

19 準備好茉莉輕奶油、瑞士蛋白霜、菊花塔、手指檸檬果凍和酸漿草。

20 在菊花塔內放入手指檸檬果凍。

21 擠上15克茉莉輕奶油。

22 再擠上10克瑞士蛋白霜。

23 單柄鍋底部使用噴火槍加熱。

24 單柄鍋底部噴上脫模油,將步驟22擠好的蛋白霜燙至變色。最後點綴上酸漿草即可。

183

◎ 雙色起司可頌吐司

雙色起司可頌吐司

❀ **材料**（可製作 20 個）
原色可頌麵團（見 P24）2180 克

輕起司蛋糕
奶油起司 157.5 克
玉米澱粉 7.5 克
細砂糖（A）17.5 克
細鹽 1.25 克
蛋黃 22.5 克
全蛋 62.5 克
鮮奶油 15 克
蛋白 67.5 克
細砂糖（B）35 克

紅色可頌麵團
伯爵 T45 中筋麵粉 500 克
細砂糖 60 克
鹽 10 克
鮮酵母 20 克
Echiré 恩喜村淡味奶油 15 克
全蛋 25 克
冰水 210 克
Echiré 恩喜村淡味片狀奶油 250 克
油溶性紅色色粉適量

裝飾
防潮糖粉適量
覆盆子適量

❀ **做法**
§ 製作輕起司蛋糕

1 料理機中加入奶油起司和混勻的細砂糖（A）、鹽、澱粉，低速攪打均勻。

2 加入蛋黃，低速攪打均勻。

3 加入全蛋,低速攪打均勻。

4 加入鮮奶油,低速攪打均勻。過篩備用。

5 攪拌缸中倒入蛋白和細砂糖(B),中高速打發至濕性發泡。

6 步驟5的蛋白霜分兩次加入步驟4的材料中,用刮刀翻拌均勻後再加入下一份。

7 倒入墊有烘焙油布的烤盤上,使用彎柄抹刀抹平整。放入預熱好的平爐烤箱,上火160℃、下火170℃,水浴烘烤25～30分鐘。

8 出爐後,使用小刀分離蛋糕和烤盤,轉移到烤網架上冷卻。

9 將烤好的蛋糕切分成長11公分、寬2公分的長方形,放入冰箱冷凍(-24℃)凍硬。

※ 紅色可頌麵團

10 按原味可頌麵團的做法完成攪拌後（做法見P24～25的步驟1～步驟5），加入油溶性紅色色粉，用攪拌勾低速攪拌均勻。

11 取出麵團規整外型，蓋上保鮮膜，放置於22～26℃的環境下，基礎發酵30分鐘。

12 麵團鬆弛好後，用起酥機擀薄成長40公分、寬20公分，用保鮮膜包裹，先放入冰箱冷凍（－24℃）凍硬後，再轉放入冰箱冷藏（4℃）鬆弛12小時。將片狀奶油擀成邊長20公分的正方形，放置在紅色麵團的中間，使用美工刀切斷兩端麵團。

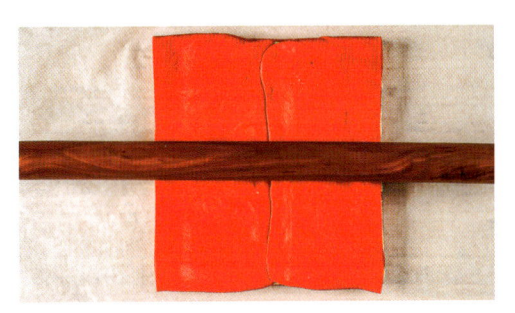

13 從兩端往中間折疊麵團，將片狀奶油包裹在中間。用擀麵棍在表面輕輕按壓，讓麵團和片狀奶油黏合到一起。

14 開始第一次折疊，用起酥機順著介面的方向依次遞進地壓薄，最終壓到5公厘（mm）厚，把麵團兩端切平整後，平均分成4份，折一個4折。

15 開始第二次折疊，用起酥機依次遞進地壓薄，最終壓到5公厘（mm）厚，把麵團兩端切平整後，平均分成3份，折一個3折。

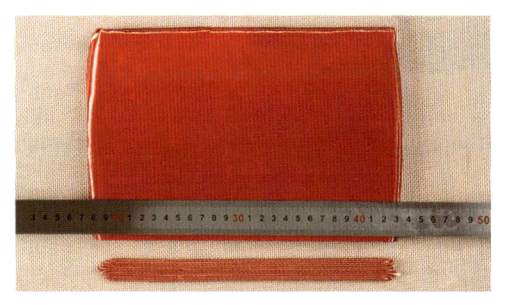

16 用保鮮膜包裹,放入冰箱冷藏(4℃)鬆弛90分鐘。取出鬆弛好的紅色麵團,擀成厚1.5～2公分,使用美工刀切割成寬兩三公厘(mm)的長條。

17 將長條貼合在已經折疊鬆弛好的原味可頌麵團(見P24～26)上(尺寸為長25公分、寬20公分、厚1.5公厘(mm)),紅色可頌麵團和原味可頌麵團的長度需保持一致。

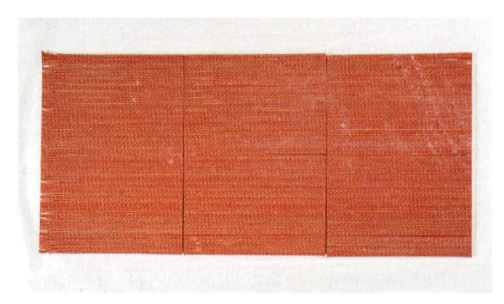

18 表面撒麵粉,用起酥機擀至厚3.5公厘(mm),去掉四邊麵團後,使用美工刀切割成長16.5公分、寬11公分。

19 將麵皮紅色面朝下,一側壓薄,另一側放上凍硬的輕起司蛋糕。

20 然後如圖所示捲起。

21 放入長14公分、寬6.5公分、高4.5公分長方形模具中,放入發酵箱(溫度28℃,濕度75%)發酵70～90分鐘。

22 發酵好後放入預熱好的旋風烤箱，165℃烘烤約20分鐘，出爐後震動烤盤，脫模，室溫下放置冷卻。

23 用烘焙油紙沿著斜對角遮擋，篩上防潮糖粉。

24 放上切半的覆盆子裝飾即可。

◎ 生巧可頌捲

生巧可頌捲

❀ **材料**（可製作 18 個）
可頌麵團（見 P24）600 克

巧克力卡士達醬
牛奶 159 克
鮮奶油 20 克
香草莢 1 根
蛋黃 36 克
細砂糖 20 克
玉米澱粉 10 克
伯爵 T45 中筋麵粉 10 克
可可脂 12 克
吉利丁混合物 31.5 克
（或 4.5 克 200 凝固值吉利丁粉 +27 克泡吉利丁粉的水）
西克萊特 60% 黑巧克力 32 克

黑巧甘納許
鮮奶油 161 克
轉化糖漿 26.5 克
西克萊特 60% 黑巧克力 102 克

裝飾
西克萊特耐高溫巧克力豆適量
黑色巧克力爆脆珠適量
防潮糖粉適量

❀ **做法**
❀ 製作巧克力卡士達醬

1 盆中放入細砂糖、澱粉和麵粉，攪拌均勻，加入蛋黃和鮮奶油，再次攪拌均勻，備用。

2 把香草莢剖開，刮出香草籽。單柄鍋中倒入牛奶和香草籽，煮沸，緩慢倒入步驟1的材料中，邊倒邊均勻攪拌。

3 倒回單柄鍋中，加熱至濃稠冒大泡，關火，加入泡好水的吉利丁混合物，攪拌至化開。

4 加入可可脂和巧克力,攪拌均勻。

5 倒入盆中,用保鮮膜貼面包裹,放入冰箱冷藏(4℃)冷卻凝固。過篩,使用打蛋器攪拌順滑,備用。

❄ 製作黑巧甘納許

6 單柄鍋中倒入鮮奶油和轉化糖漿,加熱至80℃。

7 沖入裝有巧克力的盆中,用均質機均質均勻,用保鮮膜貼面包裹,放入冰箱冷藏(4℃)冷卻凝固。

❄ 組合與裝飾

8 取出已經折疊過一次3折和一次4折的可頌麵團(見P24~26),用起酥機擀壓至3.5公厘(mm)厚,切割成邊長40公分的正方形,將一端刮薄。

9 使用彎柄抹刀塗抹上220克巧克力卡士達醬,留3公分不抹。

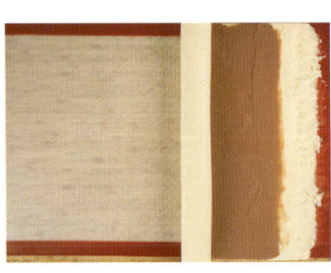

10 輕輕捲起麵皮,介面處用少量水黏合。放入冰箱冷凍(-24℃)30分鐘。

11 使用鋸齒刀切走邊緣不規整的部分;滾輪刀間隔2公分,在可頌捲上做出印記。

12 使用鋸齒刀依照印記切割可頌捲。

13 放在墊有帶孔耐高溫烤墊的烤盤上,放入發酵箱(溫度28℃,濕度75%)發酵90～120分鐘,發酵好後放入預熱好的旋風烤箱,180℃烘烤15～20分鐘。

14 巧克力卡士達醬裝入擠花袋中;黑巧甘納許裝入帶有擠花嘴(型號:韓國9號,直徑5.5公厘(mm))的擠花袋中;準備烤好的可頌捲和裝飾材料。

15 在可頌捲上擠上5克巧克力卡士達醬。

16 再擠上15克黑巧甘納許。

17 使用半圓刮板遮擋,在一側篩上防潮糖粉。

18 最後放上巧克力豆和爆脆珠裝飾即可。

◎ 火腿蘑菇白醬
　可頌捲

火腿蘑菇白醬可頌捲

❀ **材料**（可製作 20 個）

可頌麵團（見 P24）800 克

火腿蘑菇白醬
口蘑 120 克
Echiré 恩喜村淡味奶油（A）8 克
鮮奶油 30 克
Echiré 恩喜村淡味奶油（B）40 克
伯爵傳統 T65 麵粉 30 克
牛奶 300 克

蛋液
配方見 P153

鹽之花 1 克
黑胡椒粒 2 克
切片火腿 150 克

裝飾
黑松露適量

❀ **做法**
❈ 製作火腿蘑菇白醬

1 口蘑切片。

2 不黏鍋中加入奶油（A），加熱至化開後，加入口蘑翻炒。

3 小火將口蘑煎出水分，加入鮮奶油，繼續加熱。

4 收乾汁水，倒入盆中，備用。

5 奶油（B）放入單柄鍋中，加熱至化開後加入麵粉，攪拌均勻後加熱煮開。

6 離火，分次加入牛奶，混合均勻。

桃子可頌塔

⊗ **材料**（可製作 15 個）
可頌麵團（見 P24）1000 克

白桃打發甘納許
白桃果肉 84 克
檸檬酸 0.8 克
鮮奶油 336 克
吉利丁混合物 3.5 克
（或 0.5 克 200 凝固值吉利丁粉 +
3 克泡吉利丁粉的水）
西克萊特 35% 白巧克力 92.5 克
白桃利口酒 42 克

桃子果凍
白桃果肉 135.5 克
檸檬酸 1 克
青檸檬汁 5.5 克
細砂糖 5.5 克
NH 果膠 1.6 克
血桃果肉顆粒 135.5 克
白桃利口酒 5.5 克

裝飾
黃桃適量
芝麻苗適量
鏡面果膠適量

⊗ **做法**
§ 製作白桃打發甘納許

1 切丁的白桃果肉加入檸檬酸，用均質機攪打成泥，備用。

2 單柄鍋中倒入鮮奶油，加熱至沸騰後，加入泡好水的吉利丁混合物，攪拌至化開。沖入裝有巧克力的盆中，用均質機攪打均勻。

3 倒入白桃利口酒和步驟1的材料,用均質機攪打均勻。用保鮮膜貼面包裹,放入冰箱冷藏(4℃)12小時。

4 從冰箱取出,打發至八分發泡,裝入帶有擠花嘴(型號:韓國直徑18公厘(mm))的擠花袋中。

❀ 製作桃子果凍

5 盆中放入細砂糖和果膠,用打蛋器攪拌均勻,備用。切丁的白桃果肉加入檸檬酸,用均質機攪打成泥,倒入單柄鍋中,再加入檸檬汁,加熱至45℃左右。緩慢倒入混勻的細砂糖和果膠,邊倒邊用打蛋器攪拌,加熱至沸騰。

6 離火,倒入白桃利口酒和血桃果肉顆粒,攪拌均勻,裝入擠花袋中。

7 擠入直徑4公分的半圓形矽膠模具中(每個約18克)。放入急速冷凍機(-40℃)冷卻凝固。

❀ 組合與裝飾

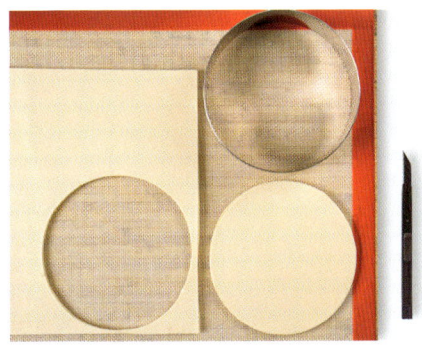

8 取出已經折疊過一次3折和一次4折的可頌麵團(見P24～26),擀壓至4.5公厘(mm)厚。使用美工刀切割成直徑16公分的圓形麵皮。

199

9 取兩個直徑11公分、高4.2公分的菊花模具，噴上脫模油，一個噴在模具底部，另一個噴在模具內部。將麵皮放在倒扣的模具上。

10 使用溫度計將麵皮貼緊模具。

11 套上另一個模具，按緊。放入冰箱冷藏（4℃）冷卻。

12 使用美工刀切割掉多餘的麵皮。

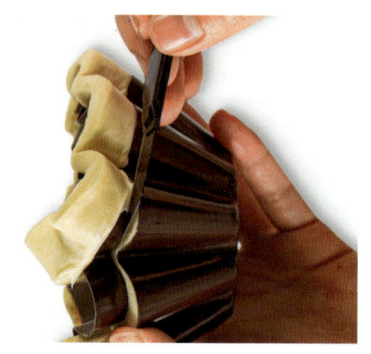

13 在模具內放入烘焙重石，放入預熱好的旋風烤箱，175℃烘烤約20分鐘。出爐後倒出烘焙重石，將菊花塔脫模，在室溫下放置冷卻。

14 準備好菊花塔、黃桃、芝麻苗、鏡面果膠、桃子果凍和白桃打發甘納許。

15 在可頌塔內放入桃子果凍。

16 擠上40克白桃打發甘納許。

17 使用小刀在黃桃上斜切,在切下的桃子表面刷上鏡面果膠。

18 在可頌塔上放入黃桃和芝麻苗即可。

◎ 牛奶花可頌塔

牛奶花可頌塔

❀ **材料**（可製作 20 個）
可頌麵團（見 P24）800 克

60% 榛子帕林內
榛子仁 270 克
細砂糖 180 克
細鹽 0.5 克

香草卡士達醬
牛奶 196 克
香草莢 1 根
細砂糖 35 克
全蛋 39 克
玉米澱粉 19.5 克
Echiré 恩喜村淡味奶油 39 克

奶油焦糖
細砂糖 36 克
葡萄糖漿 58 克
牛奶 18 克
鮮奶油 76 克
香草莢 2 根
鹽之花 1 克
Echiré 恩喜村淡味奶油 29 克

香草打發甘納許
配方見 P157

蛋液
配方見 P153

牛奶米布丁
配方見 P157

❀ **做法**
❀ 製作 60% 榛子帕林內

1 將榛子仁放入烤箱，150℃烘烤至內部上色，取出，冷卻備用。

2 單柄鍋中分四五次加入細砂糖熬煮，每次需要等糖完全化開再加入下一次，直至熬成深棕色的乾焦糖。

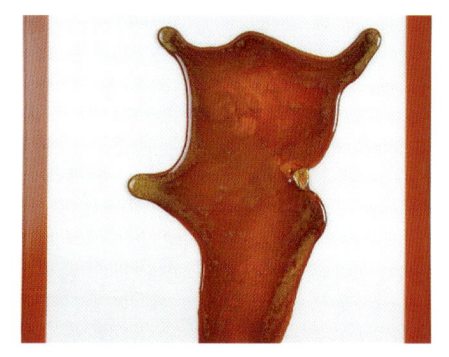

3 將煮好的乾焦糖倒在矽膠墊上,放至降溫。

4 將放涼的榛子仁、放涼敲碎的乾焦糖和細鹽一起放入調理機中。

5 開機攪打至細膩無顆粒。

6 倒入碗中,用保鮮膜貼面包裹,放入冰箱冷藏(4℃)備用即可。

> **小貼士**
>
> 烘烤堅果(本配方中為榛子)的過程非常重要,需要烘烤至均勻上色。因為堅果的香味需要烘烤後才能凸顯出來。

❀ 製作香草卡士達醬

7 把香草莢剖開,刮出香草籽。單柄鍋中加入牛奶、香草籽,用電磁爐加熱煮沸。

8 細砂糖與過篩的玉米澱粉混合,攪拌均勻;加入全蛋,攪拌均勻。

9 將步驟7的液體沖入步驟8的材料中，同時使用打蛋器攪拌。

10 倒回單柄鍋中，加熱攪拌至濃稠冒大泡。

11 離火，加入切成小塊的奶油，攪拌均勻。

12 用保鮮膜貼面包裹，放入冰箱冷藏冷卻。

❈ 製作奶油焦糖

13 把香草莢剖開，刮出香草籽。單柄鍋（A）中加入牛奶、鮮奶油、鹽之花、葡萄糖漿和香草籽，加熱至沸騰，備用。另取一個單柄鍋（B），倒入細砂糖，小火熬成乾焦糖，分次加入室溫狀態的奶油，攪拌均勻。

14 將單柄鍋（A）的材料分次加入單柄鍋（B）中，用刮刀攪拌均勻。

15 再次加熱至沸騰,用均質機乳化均勻。用保鮮膜貼面包裹,放入冰箱冷藏(4℃)。

❀ 可頌塔切配烘烤

16 取出已經折疊過兩次4折的可頌麵團(參考P24～26),擀至5公厘(mm)厚。使用美工刀切割成邊長為7.5公分的正方形。放置在帶孔耐高溫烤墊上,放入發酵箱(溫度28℃,濕度75%)發酵約80分鐘。

17 香草卡士達醬過篩,用打蛋器攪拌順滑,裝入擠花袋中,在發酵好的可頌麵團上擠10克,香草卡士達醬周邊的麵團刷上蛋液。放入預熱好的旋風烤箱,175℃烘烤約15分鐘。

❀ 組合與裝飾

18 準備好牛奶米布丁、香草卡士達醬、可頌塔、60%榛子帕林內、奶油焦糖;打發好的香草打發甘納許裝入帶有擠花嘴(型號:WILTON 124)的擠花袋中。

19 可頌塔上擠入5克香草卡士達醬。

20 擠入15克牛奶米布丁。

21 擠花嘴尖頭朝外,在可頌塔上裱擠三層香草打發甘納許。

22 在中間孔洞中先填入10克奶油焦糖。

23 再填入10克60%榛子帕林內。

24 再次擠上香草打發甘納許即可。

§ 組合與裝飾

4 用均質機均質均勻後,加入草莓丁和切絲的羅勒葉,用刮刀拌勻。

5 準備好可頌塔(做法見P206的步驟16～步驟17)、新鮮草莓、切半的開心果、防潮糖粉;草莓羅勒果凍裝入擠花袋中;打發好的香草打發甘納許裝入帶有擠花嘴(型號:SN7112)的擠花袋中。

6 可頌塔填入25克草莓羅勒果凍。

7 在果凍周邊放上一圈切半的草莓,篩上防潮糖粉。

8 擠上香草打發甘納許。

9 裝飾上草莓片和切半的開心果即可。

◎ 咖啡焦糖可芬

咖啡焦糖可芬

❀ **材料**（可製作 20 個）
可頌麵團（見 P24）1500 克

30°波美糖漿
細砂糖 135 克
水 100 克

咖啡打發甘納許
鮮奶油 233 克
咖啡豆 9 克
吉利丁混合物 10.5 克
（或 1.5 克 200 凝固值吉利丁粉 +9 克泡吉利丁粉的水）
西克萊特 35% 白巧克力 47.5 克

奶油焦糖
配方見 P203

60% 榛子帕林內
配方見 P203，縮減為 1/2 用量

裝飾
防潮糖粉適量
西克萊特可可粉適量
焦糖餅乾適量

❀ **做法**
❁ 製作 30°波美糖漿

❁ 製作咖啡打發甘納許

1 單柄鍋中加入細砂糖和水，煮沸。倒入盆中，備用。

2 把咖啡豆敲碎。

3 單柄鍋中加入鮮奶油，加熱至沸騰。加入咖啡豆碎，浸泡 10 分鐘。

4 過篩，補齊鮮奶油重量至 233 克，再次加熱至 80℃。

5 離火,加入泡好水的吉利丁混合物,攪拌至化開。

6 沖入裝有巧克力的盆中,用均質機均質均勻。用保鮮膜貼面包裹,放入冰箱冷藏(4°C)12小時。

※ 整型與烘烤

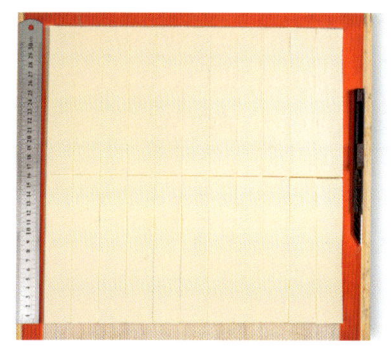

7 取出已經折疊過一次3折和一次4折的可頌麵團(見P24~26),擀至3公厘(mm)厚。切割成長16公分、寬2.8公分。

8 每三片為一組,每片之間間隔3公分,重疊放置。

9 如圖所示捲起麵皮,捲好後切面朝上。

10 將一片拉起到中間位置,貼緊。

213

11 第二片再拉起,貼緊。

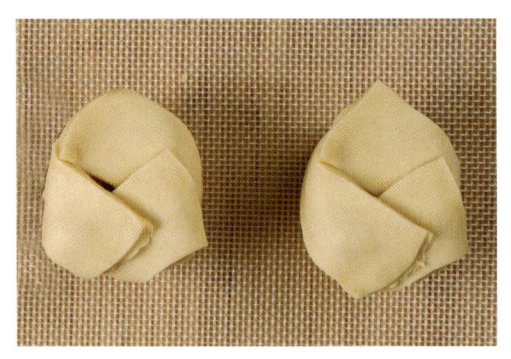

12 第三片再拉起,貼緊,不要留有縫隙。

13 翻過來,揉圓一點,手指蘸上一點麵粉,從中間旋轉戳到底。

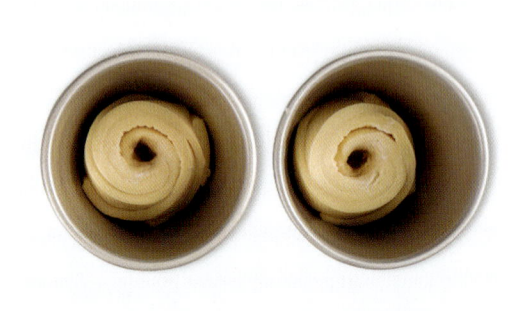

14 模具(型號:SN6017)內壁均勻噴上脫模油,放入整型好的麵團。放入發酵箱(溫度28℃,濕度75%)發酵約90分鐘。

15 發酵好後放入預熱好的平爐烤箱,上火215℃、下火165℃,烘烤約15分鐘。

16 出爐後,趁熱脫模,在表面均勻刷上30°波美糖漿。放回烤箱中,再烘烤一兩分鐘。

❈ 組合與裝飾

17 咖啡打發甘納許打至八分發泡,裝入帶有擠花嘴(型號:SN 7066)的擠花袋中。

18 準備好可芬、60％榛子帕林內、奶油焦糖、咖啡打發甘納許、焦糖餅乾、防潮糖粉和可可粉。

19 從可芬中間擠入10克60％榛子帕林內。

20 擠入10克奶油焦糖。

21 擠入10克咖啡打發甘納許。

22 篩上防潮糖粉。

23 篩上可可粉。

24 擠上咖啡打發甘納許,放上焦糖餅乾完成裝飾即可。

◎ 羅勒草莓千層布里歐塔

羅勒草莓千層布里歐塔

❀ **材料**（可製作 1 個）
可頌麵團（見 P24）200 克

杏仁奶油
Echiré 恩喜村淡味奶油 33 克
糖粉 33 克
杏仁粉 33 克
玉米澱粉 1 克
全蛋 20 克

草莓果凍
草莓 135 克
細砂糖 9 克
325NH95 果膠 1.5 克
瓊脂（洋菜粉）2 克

羅勒輕奶油
牛奶 140 克
蛋黃 33 克
細砂糖 24 克
玉米澱粉 3.5 克
伯爵傳統 T55 麵粉 7 克
羅勒葉 5 克
吉利丁混合物 7 克
（或 1 克 200 凝固值吉利丁粉 + 6 克泡吉利丁粉的水）
鮮奶油 44 克

裝飾
羅勒葉適量
草莓適量
鏡面果膠適量

❀ **做法**
§ 製作杏仁奶油

1 料理機中加入奶油（軟化成膏狀）、糖粉、杏仁粉和玉米澱粉。

2 低速攪打均勻後，加入常溫的全蛋。

❀ 製作草莓果凍

3 攪打均勻，裝入帶有擠花嘴（型號：SN 7066）的擠花袋中。

4 盆中放入細砂糖、果膠和瓊脂，使用打蛋器攪拌均勻，備用。

5 單柄鍋中加入切成小丁的草莓，加熱至45℃左右；緩慢倒入步驟4的材料，邊倒入邊使用打蛋器攪拌。

6 加熱至沸騰。

❀ 製作羅勒輕奶油

7 倒入盆中，用保鮮膜貼面包裹，放入冰箱冷藏（4℃）冷卻凝固。

8 盆中加入細砂糖和過篩後的澱粉、麵粉，用打蛋器攪拌均勻後，加入蛋黃，攪拌至均勻無顆粒。

9 單柄鍋中倒入牛奶和切碎的羅勒葉,煮沸。

10 將步驟9的材料緩慢沖入步驟8的材料中,邊倒入邊用打蛋器攪拌。

11 倒回單柄鍋中,加熱至濃稠冒大泡,關火,加入泡好水的吉利丁混合物,攪拌至化開。

12 倒入盆中,用保鮮膜貼面包裹,放入冰箱冷藏(4℃)冷卻凝固。

13 過篩出羅勒葉。

14 攪拌至順滑狀態,加入打至九分發泡的鮮奶油,用打蛋器攪拌均勻。

◊ 製作布里歐塔

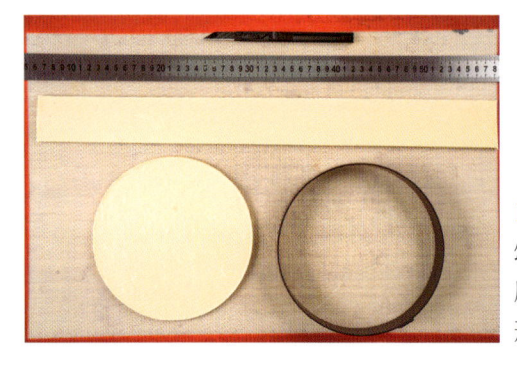

15 取出已經折疊過一次3折和一次4折的可頌麵團（見P24～26），擀壓成4公厘（mm）厚。切割成一條長50公分、寬4.8公分的長方形和一張直徑16公分的圓形麵皮。

16 將長方形麵皮先放入直徑15公分的慕斯圈內，將麵皮貼緊慕斯圈內壁。放入冰箱冷凍（-24℃）凍硬。

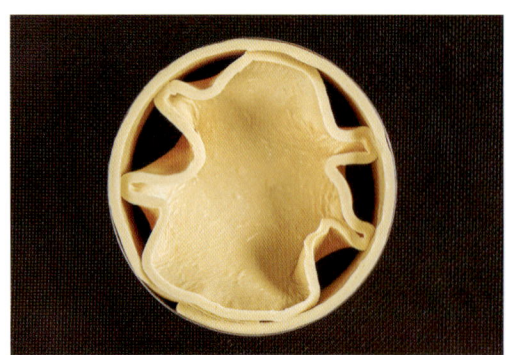

17 放入圓形麵皮，貼緊慕斯圈底部和內壁。放入冰箱冷凍（-24℃）凍硬。

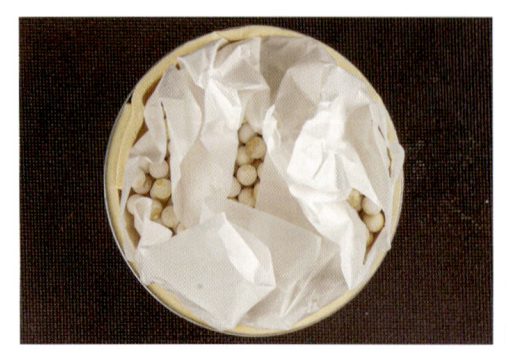

18 放入烘焙油紙，再放入烘焙重石。放入預熱好的旋風烤箱，175℃烘烤約25分鐘。

◊ 組合與裝飾

19 出爐後,取出烘焙重石,擠入120克杏仁奶油。

20 放入預熱好的旋風烤箱,165℃烘烤約15分鐘。出爐後,脫模,放置在室溫下冷卻。

21 料理機中放入草莓果凍,攪打至順滑無顆粒。

22 在塔內填入145克草莓果凍。

23 填入200克羅勒輕奶油,放入冰箱冷藏(4℃)。

24 新鮮草莓去蒂洗淨,一部分一切為二,一部分一切為四,少量保持完整。草莓表面都裹上鏡面果膠,放在塔上,再放上羅勒葉裝飾即可。

◎ 素食蛋奶千層布里歐塔

素食蛋奶千層布里歐塔

❈ **材料**（可製作 2 個）
可頌麵團（見 P24）400 克

蛋奶餡
鮮奶油 180 克
牛奶 180 克
蛋黃 90 克
蛋白 80 克
玉米澱粉 10 克
細鹽適量
黑胡椒適量
百里香適量

洋蔥醬
洋蔥丁 150 克
百里香適量
橄欖油適量
蘆筍 150 克
鹽少量

註：鹽未體現在右圖中。

裝飾
彩色胡蘿蔔適量
蘆筍適量
彩色聖女番茄適量
黃瓜適量
酸模葉適量
酸漿草適量
鏡面果膠適量

❈ **做法**

❈ 製作蛋奶餡

❈ 製作洋蔥醬

1 單柄鍋中加入製作蛋奶餡的全部原材料，加熱至微沸。倒入盆中，用保鮮膜貼面包裹，放入冰箱冷藏（4℃）冷卻。

2 不黏鍋中倒入橄欖油，加熱後倒入洋蔥丁，翻炒。

3 翻炒至稍微變軟後，加入百里香。

4 繼續翻炒至洋蔥炒軟炒香，倒入盆中在室溫下放置冷卻。

5 單柄鍋中加入適量的水、少量的鹽和橄欖油，加熱至煮沸，倒入斜切的蘆筍，再次煮沸過篩，在室溫下放置冷卻。

6 將蘆筍和洋蔥攪拌均勻，備用。

巧克力皇冠

❈ **材料**（可製作 3 個）

可可味可頌麵團
伯爵 T45 中筋麵粉 170 克
細砂糖 20 克
細鹽 4 克
鮮酵母 7 克
Echiré 恩喜村淡味奶油 33 克
全蛋 9 克
水 99 克
可可粉 29 克
註：可可味可頌麵團做法同P24～26，可可粉在步驟3加入。

原味可頌麵團
配方見 P24

裝飾
耐高溫巧克力棒適量

❈ **做法**

1 將原味可頌麵團折一個 4 折（做法見 P24～26的步驟1～步驟12），並擀壓成長30公分、寬25公分的麵團，將可可味可頌麵團也擀壓至同樣大小。

2 將可可味可頌麵團貼合在原味可頌麵團上。

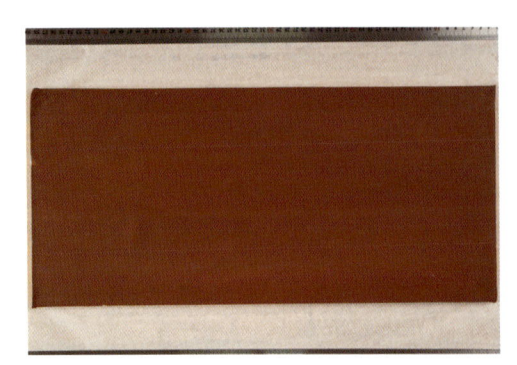

3 將貼合好的麵團擀壓成長50公分、寬26公分。

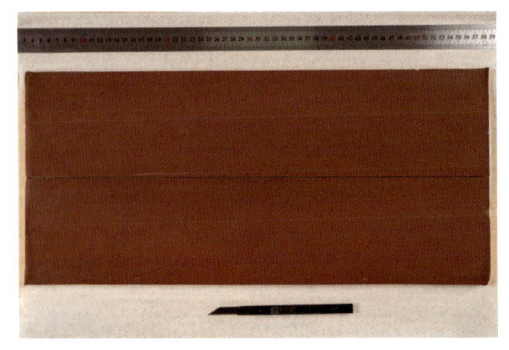

4 用美工刀從麵團中間切割，分成兩塊長50公分、寬13公分的長方形。

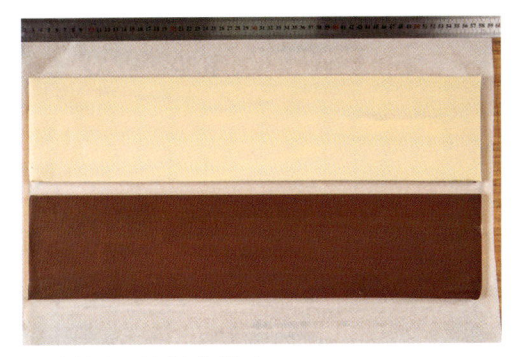

5 將其中一塊麵皮翻面。

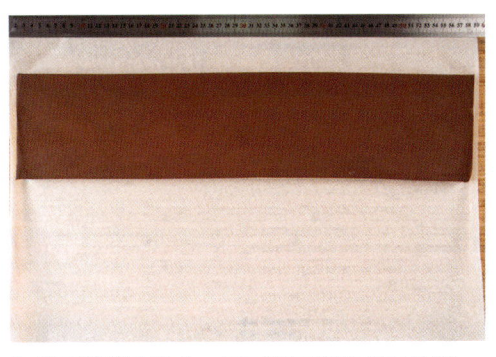

6 將兩塊麵皮貼合,可可味可頌麵皮在外側。

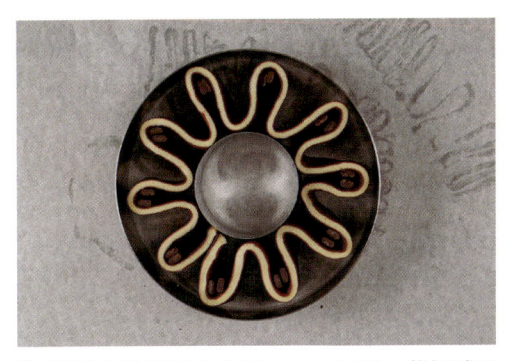

7 將麵皮擀壓至4公厘(mm)厚,裁切成3塊長140公分、寬4公分的長方形,將1塊麵皮折疊放進模具中(外圈為直徑18公分的圓形模具,內圈為直徑6.5公分的圓形模具),並在麵團折疊處放上2根耐高溫巧克力棒(如圖)。

8 放入發酵箱(溫度28℃,濕度75%)發酵約120分鐘。

9 發酵好後轉入旋風烤箱,170℃烘烤16～18分鐘即可。

© 黑白棋盤

黑白棋盤

⊛ **材料**（可製作 4 個）

原色可頌麵團
配方見 P24

黑色可頌麵團
伯爵 T45 中筋麵粉 1000 克
細砂糖 120 克
細鹽 20 克
鮮酵母 40 克
Echiré 恩喜村淡味奶油 30 克
全蛋 50 克
水 420 克
Echiré 恩喜村淡味片狀奶油 500 克
竹炭粉 10 克

註：黑色可頌麵團做法同P24～26，竹炭粉在步驟3加入。

杏仁奶油
杏仁粉 360 克
糖粉 360 克
Echiré 恩喜村淡味奶油 360 克
伯爵 T45 中筋麵粉 28 克
全蛋 220 克
人頭馬白蘭地 50 克

⊛ **做法**
⊛ 製作杏仁奶油

1　將製作杏仁奶油的所有材料放入調理機中混合攪打。

2　攪打至細緻無顆粒無乾粉的奶油狀。

3 在邊長14公分的正方形模具中填入300克杏仁奶油,將表面刮平整。

4 放入旋風烤箱,160℃烘烤13〜15分鐘,出爐時表面金黃上色即可。

❈ 整型

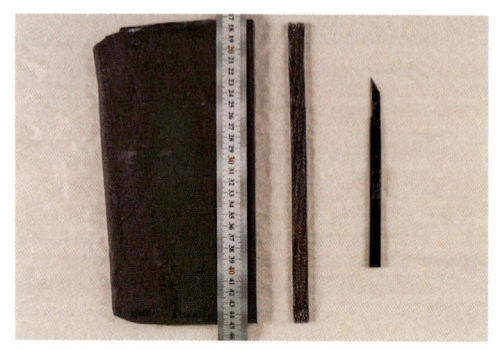

5 將折過一次3折和一次4折的黑色可頌麵團擀壓成邊長25公分的正方形,使用美工刀切割成寬5公厘(mm)的長條備用。

6 將折過一次3折和一次4折的原色可頌麵團也擀壓成邊長25公分的正方形,使用美工刀切割成寬5公厘(mm)的長條備用。

7 將長條原色可頌麵團由上至下依次擺放8根,再將由上至下的第2、4、6、8根原色可頌麵團拉起。

8 將長條黑色可頌麵團放置在由上至下的第1、3、5、7根原色可頌麵團上。